イルカと生きる

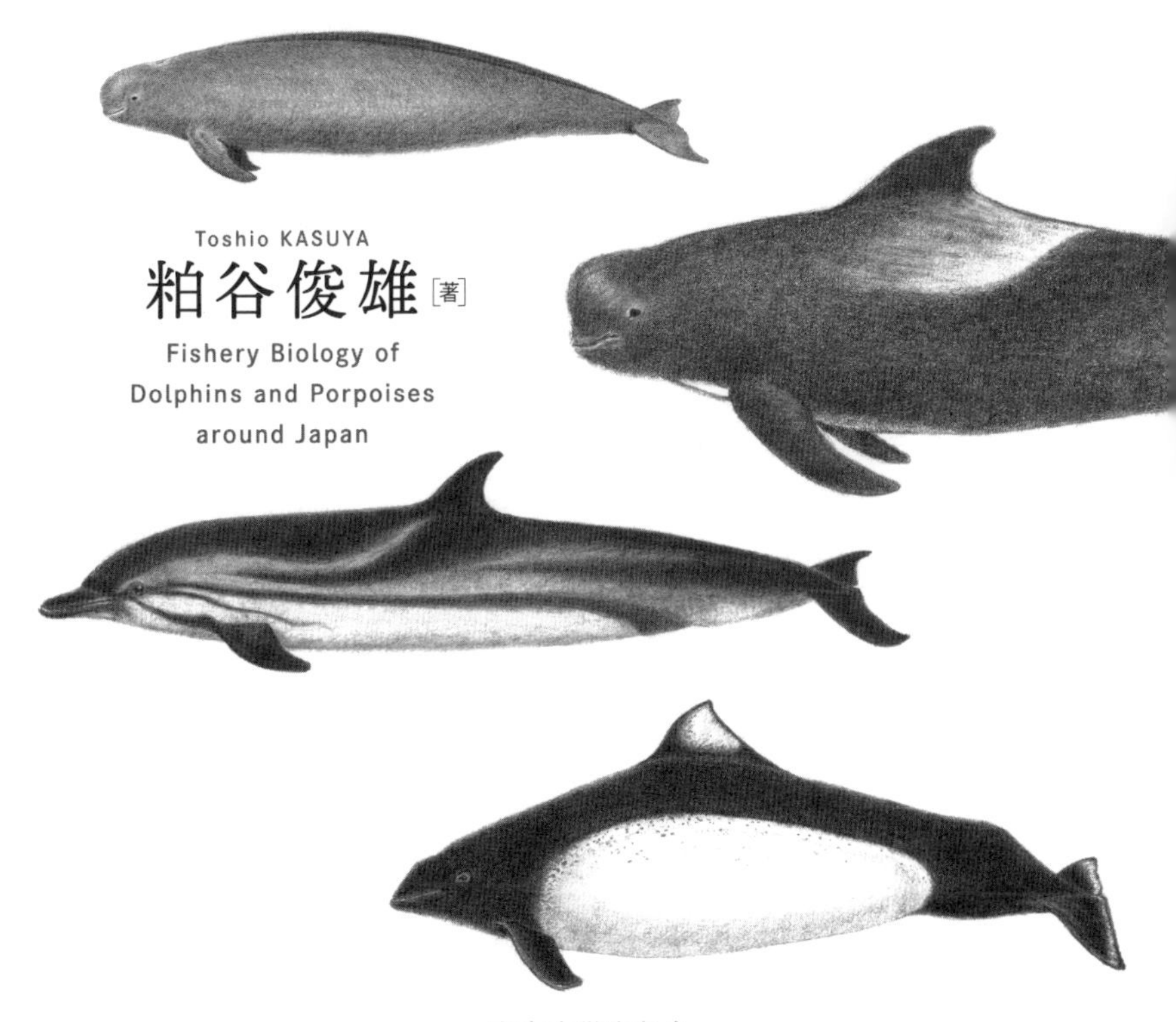

Toshio KASUYA
粕谷俊雄［著］

Fishery Biology of Dolphins and Porpoises around Japan

東京大学出版会

Fishery Biology of Dolphins and Porpoises around Japan
Toshio KASUYA
University of Tokyo Press, 2024
ISBN978-4-13-063960-6

はじめに

日本ではイルカは古くから知られていましたが、それが鯨類のなかに占める位置を理解する試みは一九世紀まで待たなければなりませんでした。今、イルカと呼ばれている動物は、海や河川に生息し活発な動きをする小型のハクジラ類で、多様な分類群を含みます。これと似た言葉に「小型鯨類」がありま す。これはマッコウクジラを除いた中・小型のハクジラ類を指す漁業関係の用語です。このような分類は進化の系列とは無関係で、人間側の視点によるものなので人為分類と呼ばれます。

日本近海に普通に分布する「イルカ類」には、マイルカ科とネズミイルカ科の種があります。壱岐のイルカ騒動に代表されるように、かつての日本ではイルカ類が害獣として駆除の対象となったこともあります。今も日本では多数のイルカ類が捕獲されて食用に供されています。このほかに、網漁業による混獲、沿岸の埋め立て、海洋廃棄物、騒音などによる鯨類の生活環境の悪化が懸念されています。

このような事態に対してさまざまな立場の人々が関心を寄せてきました。あえて単純な類別を試みるならば、自然保護や動物愛護の視点からイルカ類の安全な生活を目指して活動してきた人々や、日本の保全対策に対して内外から寄せられる批判への対応に努めた行政関係の人々があります。さらに、さまざまな分野の科学者がイルカ漁から材料を得て生物学的な研究を進めてきました。そのなかには、イルカ類の生活史を研究して、その資源管理に役立てることを夢みた水産関係の研究者もおり、私もその一人でした。

イルカ類の水産資源学的な研究は、日本では一九五〇年代に日本捕鯨協会鯨類研究所（鯨研）の西脇昌治氏が大学の研究者と協力して行ったのが始まりと思われます。私は一九六一年に大学卒業と同時に鯨研に就職し、大村秀雄所長、西脇昌治・大隅清治両氏ら先達の指導をいただき、後には若手研究者の協力を得ながら、この分野の研究を続けてきました。これまでのイルカ類の資源研究がその資源管理にどのような影響を与えたのか、その功罪を評価するのはまだ早いかもしれません。イルカ類には五〇～六〇年の寿命もめずらしくなく、人間活動の影響が彼らの個体数や生活の変化に現れきるには、まだ時間が足らないかもしれないのです。

しかしながら、これまでの経験からイルカ類の水産資源学的な研究に関して、私は次のような認識を得ております。第一は、日本はイルカ類の資源管理において貴重な失敗を経験したことです。伊豆半島沿岸で多獲されたスジイルカ資源の壊滅はその好例です。第二は、イルカ類の生態はきわめて多様であり、その保全や資源管理は単純ではないということです。第三は、イルカ類の繁殖は魚類に比べて著しく緩やかであるということです。これは、生息頭数推定の困難さや一頭あたりの単価が比較的高価であることと相まって、資源管理をむずかしくする要因です。第四は、イルカ類の社会行動に関する情報は資源管理のためにも必要な情報ですが、それを漁獲物の解析で得るのは困難なことです。皮肉なことに、そのような情報が野生個体の継続観察で得られつつあります。これは、イルカ漁業の存在がその管理に必要な情報の入手を妨げる可能性を示唆しているのです。

本書は、鯨類一般をも視野に置きつつ、主として日本周辺のイルカ類やアカボウクジラ類などのいわゆる小型鯨類に関して、その生態や人間活動の影響などについて得られている知見や残された研究課題を紹介し、一般の読者に読んでいただくことを目指しました。そのような本書の性質上、引用文献は必要最小限に留めましたが、興味をおもちの読者にはオリジナルな出典にまでたどれることを目指しました。

イルカと生きる／目次

はじめに

イルカと生きる

第1章　鯨類の歴史——陸から海へ

1　先駆者と追従者

海で発生した脊椎動物は陸に生活圏を広げ、多様な分化を遂げましたが、再び水に戻ることを試みた種が少なくありません[154]。それは水中の豊かな食料、少ない天敵、あるいはその両方を求めての試みであったと思われますが、それらを享受するには泳ぎ、体温調節、水中繁殖、塩分調節などの諸問題を解決しなければなりませんでした。また、そうするうちに、新たな天敵が現れることがあったかもしれません。

地球の生物の歴史は、古い順に古生代（五億九〇〇〇万年前～）、中生代（二億四五〇〇万年前～）、新生代（六五〇〇万年前～）と区分され、それぞれがさらに紀、世に分けられます。陸から水に戻ることを試みた最初の脊椎動物はメソザウルス類という爬虫類で、古生代末のペルム紀のことでした。次の中世代は三畳紀・ジュラ紀・白亜紀に分かれます。現生の爬虫類では、中生代中期のジュラ紀の初めにワニの類が、ジュラ紀の末にカメの類が出現しました。今、アオウミガメは後発のジュゴンと食草をめぐって競合関係にあります。続く白亜紀末にはウミヘビの類が現れました。同じころに出現したイグアナの類は、今、水中生活に入りつつあります。現生爬虫類はどれも陸上に産卵しますが、中生代に栄えた魚竜の仲間は母胎内に卵を留めおいて、孵化を待って水中で産出する「卵胎生」を達成していました。

鳥類で泳ぐ能力を得た種は、爬虫類よりも遅れて白亜紀に現れました。今日では多くの鳥類が水域で餌を得ておりますが、いずれも繁殖には陸地を必要としており、鳥類の水中適応は未完成です。

今から六五〇〇万年ほど前に気候の寒冷化が起こり、恐竜の時代といわれた中生代が終わり、哺乳類の新生代が始まりました。この気候変化はユカタン半島に落下した巨大な隕石が原因とされています。新生代は、暁新世（六五〇〇万年前〜）、始新世（五六〇〇万年前〜）、漸新世（三四〇〇万年前〜）、中新世（二三〇〇万年前〜）、鮮新世（五〇〇万年前〜）よりなる第三紀と、更新世（二六〇万年前〜）と完新世（一万年前〜現在）よりなる第四紀に区分されます。新生代が始まってしばらくすると、それまで恐竜の陰で生きていた哺乳類が活躍を始めました。そのなかには、陸上生活を捨てて水中に新天地を求めたグループが複数ありました。すでに絶滅した系統も少なくありませんが、現生の系統に限って取り上げてみましょう。

始新世の初期（五六〇〇万年前から四八〇〇万年前まで）に鯨類と海牛類が現れました。それぞれが「目」という異なる分類単位に置かれています。海牛目はゾウやイワダヌキなどとの共通祖先から分かれて、水中生活を始めたグループです。現生種は浅海や河川で顕花植物を食するジュゴン科ジュゴン一種とマナティー科三種に限られますが、かつては多様な種組成を誇りました。その一種にステラーカイギュウがあります。これは沿岸海域でホンダワラのような海藻を餌とする方向に特殊化した、七～八メートルに達する大型種です。ロシアの探検船セント・ペーター号が一七四一年に遭難してコマンドル諸島に漂着し、そこに少数が生息しているのを発見しました。同種の化石はフロリダ半島や日本列島の更新世の地層からも出ており、人類による狩猟が分布域の縮小の原因であったかと疑われています。ベーリング海の孤島に生き残っていたのは一五〇〇頭とも二〇〇〇頭ともいわれていますが、美味とされるその肉を求めて航海者たちが殺到し、発見から二七年ほどで絶滅しました[60]。

漸新世の中期ごろ（三〇〇〇万年前）には食肉目（しょくにく）のなかのクマの仲間からアザラシ科、アシカ科、セイウチ科が派生したようです。これらは鰭脚（ひれあし）類として一括されていますが、その系統関係は明らかではありません。同じく食肉類に属するイタチ科ではラッコやカワウソの仲間が遅れて水中に入りました。ホッキョクグマもクマの仲間ではありますが、今、海に入り始めたばかりです。ネズミの仲間（齧歯（げっし）類）ではヌートリア、カピバラ、マスクラットが水中に進出しつつあります。

2 ムカシクジラ類——最初の鯨類

四つ足で歩いたころ

始新世の初期には、インドの陸塊はユーラシア大陸と離れており、間にはテチス海と呼ばれる温暖な海が東西に伸びていました。今の地中海はその名残です。始新世中期にはインドの陸塊がアジア大陸に接触して海底を押し上げ始めました。漸新世を通じてそれが続き、中新世中期（一五〇〇万年前）にはヒマラヤ山脈の基本形ができました。

始新世初期、今から五四〇〇万年前のテチス海の地層がパキスタンから北西インドにかけて広がっており、そこから最古の鯨類の化石が発見されています。オオカミほどの大きさで、長い四肢で走り回っていたパキセタス属です（パキケタスとも発音されます）。これがムカシクジラ類（亜目）の始まりです。彼らの中耳を包む耳骨は貝殻状に膨らみ緻密な硬い骨となり、頭骨から分離する変化が始まっているそうです。これは、今の鯨類に至る水中聴覚への適応とされています。

このパキセタスは哺乳類の諸系統のどれに近いのか。さまざまな考えが出されてきました。動物の系統を調べるには大別して二つの方法があります。ひとつは、近年の発達が著しいＤＮＡの解析で、おもに現生種の間の類縁関係を知るのに使われます。形態の比較と違って、ＤＮＡの構造の違いは数量的に客観的な評価をしやすいという利点もあります。現生の哺乳類のなかで、鯨類のＤＮＡは偶蹄類のそれと共通点が多く、なかでもカバのそれにもっとも近いとされます[186]。

動物の系統解析に使われるもうひとつの方法は、形態による伝統的な手法です。古い種がもつ体の特徴を調べて、それがしだいに新しい形に変わる過程を追って、祖先を共有するもの同士をまとめる方法です。偶蹄類は四肢の第三指と第四指で体重を支えております。それと関係して彼らの後肢のくるぶしの骨（距骨）の形に特徴があります。パキセタスの距骨は偶蹄類のそれと共通する特徴を示しており[153]、分子生物学の結論と一致したのです。

今日の進化学では、まず偶蹄類と奇蹄類とが分かれ、続いて前者からラクダ、ブタ、ウシ、カバなどの諸系統が分岐し、さらにカバの系統からパキセタス類が分岐したと解釈されています。このような知見を反映させるためには、従来の「クジラ目」を廃して鯨類を「偶蹄目」に含ませてもよいのですが、鯨類に配慮してか、鯨偶蹄目という名称が使われることもあります。しかし、現生鯨類の生態を研究する者にとっては、このような議論はどうでもよい話です。それほど今の鯨類の生活は四つ足の偶蹄類とかけ離れているのです。

初期の鯨類が水中生活を始めた環境や、それに続いて外洋に進出した経緯などを解明するには、鯨類の化石にともなわれて出土するほかの生物化石が参考になります。さらに、酸素や炭素の安定同位体の組成も環境情報を提供してくれます。酸素や炭素の原子には質量がわずかに異なるものがあり、安定同位体と呼ばれます。酸素では^{16}Oと^{18}O、炭素では^{12}Cと^{13}Cの安定同位体比が解析されました。これら安定同位体の化学的性質はほとんど同じですが重さが違うために、自然界での動きがわずかに異なります。軽い同位体を含む分子は重いものに比べて、空中への拡散や生物体からの排出が早いのです。そのため、食物連鎖の順位の高い動物は順位の低い種に比べて、また、海水種は淡水種に比べて、重い同位体の比率が多くなります。これに着目して、ムカシクジラ類の歯や骨のなかの酸素と炭素の同位体組成を調べたところ、始新世初期のパキセタスの類はいずれも飲み食いは淡水域で行っていたことが知られました[186]。

始新世中期（四八〇〇万年前から四一〇〇万年前まで）に入るとパキセタス類に代わって、より水中生活に適応したアンブロセタス類やレミングトンセタス類が現れました。彼らは依然として四本足で歩いてはいたものの、胴長・短足で、あたかもワニを思わせる体形でした。それだけ水中生活への適応が進んだのです。分布をアフリカ大陸北岸（テチス海）、ギアナ（南大西洋）、米国南東部（北大西洋）に拡大しました。彼らの餌や飲み水は淡水と海水の双方に依存したらしいことが同位体解析で明らかにされました。また、その化石は貨幣石などの浅海動物の化石をともなっておりました。これらの事実は彼らが水陸両用の生活をしていたことを示しています。少し時代が下がって、始新世中期も半ばを過ぎたころになると、淡水への依存を絶って海洋で生活する鯨類（レミングトンセタス類の一部とプロトセタス類）も現れましたが、その生活圏は依然として浅海域を出なかったことが出土地層の特徴から推定されています[153]。これらのグループは今のラッコのような水陸両用の生活をしていたと思われます。

陸との決別

始新世末期（四一〇〇万年前から三四〇〇万年前まで）の初めごろには、陸と決別して一生を洋上で過ごすバシロザウルス科のクジラが現れて世界中に分布を広げました。彼らは最大で二五メートルに達する大型種を含むバシロザウルス亜科と、イルカに似た小型種を多く含み少し遅れて出現したドルドン亜科に大別されています[153]。

彼らの前肢は鰭状をなし、後肢は小さく、骨盤は脊椎から離れており体重を陸上で支えることは不可能でした。尾端近くの数個の脊椎骨は、前後長が短く左右幅が大きいことから、そこには小さいながら水平の鰭がついていたことをうかがわせます。彼らの化石は南北の大西洋と太平洋の沿岸に加えて、地中海沿岸からも出土しており、世界中に分布を広げていたことがわかります。出産や育児も水中でなされたようです。バシロザウルス科は、今日のハクジラ類とヒゲクジラ類の祖先を残して、始新世と漸新世の境界期（三四〇〇万年前ごろ）に姿を消しました[186]。

歯の変化

ムカシクジラ類（亜目）はその発生から消滅までのおおよそ二一〇〇万年の間に、先に述べた以外にもいくつかの特徴的な変化を見せています。そのひとつは歯です。哺乳類の歯の基本形は、上下左右それぞれに切歯（前歯）三、犬歯一、小臼歯四、大臼歯三、合計一一本です。上顎の切歯は切歯骨（顎間骨、前上顎骨ともいう）に生え、犬歯以後の上顎歯は上顎骨に生えます。下顎歯はすべて下顎骨に生えます。この歯式はムカシクジラ類の歴史を通じてほとんど変化しませんでした。わずかな例外はバシロザウルス類で、上顎の最後列の一本（大臼歯）が消滅した例があります。彼らは乳歯から永久歯に生え替わる仕組みを残していました。陸上偶蹄類では植物を噛み切る必要から切歯は口の前縁に左右方向に並び、犬歯以後の歯が前後に配列しています。ところが、パキセタスをはじめとするムカシクジラ類では切歯を含むすべての歯が前後方向に配列しており、動物を捕まえるための適応とされています[153]。

ムカシクジラ類では小臼歯と大臼歯は形が似ているので、両者を合わせて頬歯と呼ぶことがあります。この頬歯の形にはムカシクジラ類の歴史を通じて次のような変化が認められます。草食偶蹄類の頬歯は、われわれの奥歯のように上下の歯が対面し、咬合面には餌をすりつぶすための隆起があります。ところが、パキセタスでは頬歯の歯冠は左右から押された扁平で、先が尖った三角形となり、前後の縁には一～二個のめだたない隆起があります。時代が下がるにつれて歯冠部は二等辺三角形に近くなり、前後の縁のギザギザが数個に増えてくるのです。バシロザウルス類ではこのような形の頬歯が前後に密接して配置され、歯列全体が一本の鋸のようになり、上下の歯列は鋏の刃のように擦れ合うのです。[153] これは魚などの獲物を嚙み切るための適応と見られます。中耳の水中適応についてはすでに述べました。

3 ヒゲクジラ類とハクジラ類の分化

鍵はテレスコーピング

始新世から漸新世に移るころ（三四〇〇万年前）に、ムカシクジラ類の最後のグループであるバシロザウルス類が姿を消し、代わってラノセタスやアエティオセタスを先駆とする今のヒゲクジラ類（亜目）と、シモセタスやアゴロヒウスを先駆とするハクジラ類（亜目）の系統が現れました。[153] いずれの系統も初期の種はバシロザウルスに似た歯をもち、祖先がバシロザウルス類であることを示しています。この分岐の時代は、南極大陸と南米大陸との陸橋が切れて、南極環流が形成された時期に一致します。深層水の混合が促進され、海洋生産力が向上したことが鯨類の発展に貢献した可能性があります。

初期のヒゲクジラ類には歯がありました。彼らをハクジラ類と区別するのは頭骨の諸要素のテレスコーピングによります。これは望遠鏡（テレスコープ）の鏡筒を伸縮する操作からの造語です。生物の進化を長い時間で眺めたとき、一定の方向性が認められることがあります。鯨類の頭骨のテレスコーピングもその一例で、次のような方向性が見られます。

まず、イヌのような陸生哺乳類の頭骨を背面から眺めましょう。最前端に左右一対の切歯骨があり、続いて上顎骨、前頭骨、頭頂骨が一対ずつ後方に並びます。頭頂骨の後ろには一枚の後頭骨が控え、後頭骨は後頭髁で頸椎に関節します。そして一対の鼻骨が左右の切歯骨の間に位置して鼻道の背壁を形成しています。鼻道は背側を鼻骨に、側面と腹面を切歯骨で囲まれた管状の構造で、頭の前端に開口しています。左右の眼窩は背側を前頭骨で覆われて、ほぼ左右方向に開いています[204]。

ところが水中で生活を始めた鯨類にとっては、鼻孔が吻端にあるのは呼吸に際して不便でした。そこで鼻孔は鼻骨を後ろに押しやりつつ後方に移動を始めました。それにともなって切歯骨は左右の上顎骨の間に割り込みながら、上顎骨をともなって仲よく一緒に後方に伸びたのです。その結果、切歯骨と上顎骨は前頭骨と頭頂骨の背面に重なり、かつ後頭骨に接近するに至りました。このような変化の最大の効果は鼻孔が後方に移り、水面に浮上したときに呼吸しやすくなることですが、上顎骨、前頭骨、頭頂骨が前後に並んでいる状態に比べて、各要素が重なることによって長大化した吻部の強度を増す効果もあったと思います。これは鯨類のテレスコーピングの概要ですが、詳細はハクジラ類とヒゲクジラ類で異なります。

ハクジラ類とヒゲクジラ類の違い

左右の上顎骨が切歯骨を間にはさんで後方展開を進めるにつれて、上顎骨の後縁が眼窩の背面に接近します。ハクジラ類では、そのときの上顎骨は眼窩の背面を構成する前頭骨を覆いながら後方に広がりました。一方、ヒゲクジラ類では、上顎骨は眼窩の前縁で大部分がせき止められて、狭い中央部分だけが切歯骨とともに後方展開をしたのです。ムカシクジラ類では上顎骨の後方展開は、そのいずれのレベルまでも進んでおらず、鼻孔は吻のなかほどで止まっています[153]。

ハクジラ類では、左右の上顎骨は前頭骨と頭頂骨の背面を完全に覆い隠すかのように、鼻骨と切歯骨をともないつつ後方に展開しました。その結果、現生のハクジラ類では前頭骨と頭頂骨は頭骨の背面にはほとんど露出していません[204]。このような変形の結果、鼻道は口蓋から頭骨のなかを垂直に上昇し、左右の眼窩を結ぶ線よりも後方で、頭の頂に開口します。鼻骨は鼻道の開口部後壁にへばりついた小さい骨片に変化しています。これによって、鼻道の前方、吻の背側に大きなスペースができました。そこにはメロンと呼ばれる脂肪組織がつくられ、鼻道につくられた発音装置とともに音響探測の仕組みがつくられたのです。これは餌動物を一匹ずつ、ないしは一口ずつ食べる方向に進化したハクジラ類にとって、餌を探知するための必須の装置となったばかりか、音響能力は仲間同士の交信にも流用され、ハクジラ類の社会生活に役立っています（第1章5節）。

ヒゲクジラ類は進化において、小型の餌動物を濾しとって食べるという効率的な摂餌方法を採用しました。このため、下顎骨を上下して、口を大きく開閉するために側頭筋が発達したのです。側頭筋の本来の格納場所は眼窩の後方の側頭窩で、われわれの「こめかみ」にあたる場所ですが、ヒゲクジラ類では側頭筋がそこにおさまりきれず前方に張り出して、眼窩の背壁を構成する前頭骨の背側にまで場所を広げたと私は解釈しています。その結果、テレスコーピングに際して上顎骨は前頭骨にかぶさって後方展開をすることができず、眼窩背壁の前縁で大部分がせき止められたのです。

眼窩前縁の位置で後方展開を妨げられたヒゲクジラ類の上顎骨はどう対応したのでしょうか。ヒゲクジラ類の上顎骨は切歯骨と鼻骨をともないながら、側頭筋が占拠する眼窩部を避けて、頭骨の正中線に沿った狭い部分を後方に伸びることで妥協しました。それを待ちきれなかったかのように、後頭骨が前方に進出して切歯骨・上顎骨に接近するに至りました[204]。現生種で見ればヒゲクジラ類の鼻孔は眼窩のレベルに、アーチ状に湾曲した頭骨背面の頂に位置しています。鼻骨は比較的大きく、依然として鼻道の背面を覆っている点でもハクジラ類と異なります。ヒゲクジラ類は、ハクジラ類に見るようなメロンや鼻道に付属する気嚢などの発音機構がなく、彼らが発する鳴音は喉頭部で発せられると推定されています。

ヒゲクジラ類とハクジラ類を問わず現生鯨類はすべて一産一子で多胎はまれです[182]。

4　ヒゲクジラ類の歩んだ道

歯のあるヒゲクジラ類

ヒゲクジラ類（亜目）の祖先のなかには、獲物を切り裂くのに適した歯をもつ種もいました[153]。時代はやや下がりますが、漸新世末期の二七〇〇万年前から二四〇〇万年前までの南半球から知られているマンマロドンがそれです。前後に密に配列された上下の頰歯で獲物を切り裂いていたらしいのですが、進化の主流とはならなかったようです。将来、新しい化石の発見によって、初期ヒゲクジラ類の分化の過程が明らかになることが期待されます。

ヒゲクジラ類の仲間として知られているなかで一番古いのが、始新世末期（三四〇〇万年前）に南半球に生息していたラノセタス科です。[153] これもムカシクジラ類のバシロザウルス類に似た歯をもっていました。歯数はわかりませんが、やや誇張した表現をすれば、その頬歯は「ヤツデの葉」のように分岐しておりました。今のカニクイアザラシのように、櫛のような歯を用いて水中の小動物を濾しとっていたのかもしれません。そのテレスコーピングはヒゲクジラ型で、鼻孔はムカシクジラ類よりも後退して、吻端と眼窩前縁の中間点よりもわずかに後方にまで移動していました。

歯はあったものの機能したかは疑わしいヒゲクジラ類にアエティオセタスがあります。これは漸新世初期（三三〇〇万年前）に北太平洋に出現し、漸新世末期（二三〇〇万年前）まで生存が確認されています。その上顎の吻部は幅広く扁平でナガスクジラ類を思わせるものです。その歯はサイズが小さく、咬頭は縮小傾向を示し、歯間が大きいので、獲物を濾しとるにも噛み切るにも十分な機能があったとは思われません。さらに、上顎の歯列に沿う血管溝の配置から見て、原始的な鯨ひげが生じていた可能性も指摘されています。しかし、彼らのなかには歯数の増加を示す種があることが注目されます。たとえば *A. weltoni* では上顎一一本、下顎一二本、[153] *A. polydentatus* では上顎一四本、下顎一五本[77]です。

歯のないヒゲクジラ類の出現

歯のないヒゲクジラ類でもっとも古いグループがエオミスティセタス科で、漸新世の中ごろ（二九〇〇万年前から二六〇〇万年前まで）の南北両半球から知られています。吻は幅広くて薄く、ナガスクジラのそれに似ています。テレスコーピングは進行途上で、切歯骨・上顎骨・鼻骨群の後端は眼窩のレベルまで後退しましたが、依然として後頭骨とは前頭骨と頭頂骨によって大きく隔てられており、鼻孔は吻の中央部に位置するなど歯のあるヒゲクジラ類に似ていました。このグループは歯のあるヒゲクジラ類と共存していたのです。

現生のヒゲクジラ類はいずれも歯を失っていますが、胎児期に歯の原基（歯胚）が一時的に形成され、鯨ひげの形成が始まるころに吸収されて消滅します。その数は上下左右それぞれに、ナガスクジラで三〇本、[182]ホッキョククジラで二五本以上[100]あります。かりに、その半数が乳歯の原基であったとしても、永久歯の数はムカシクジラ類の歯よりも多いのです。このことは、今のヒゲクジラ類の祖先はある段階で機能歯をもち、歯数の増加を経験したことを示しています。それは先に述べたラノセタスやマンマロドンの仲間であったかもしれません。

現生ヒゲクジラ類

現生ヒゲクジラ類は四科六属一五種よりなります。残念ながら、これら相互の類縁関係も、またエオミスティセタス類との関係も明らかではありません。セミクジラの系統はもっとも古くまでたどれていますが、それでも中新世初期（二〇〇〇万年前）までです。それ以前の約四〇〇〇万年間の化石情報が乏しいのです。

現生ヒゲクジラはどの種も状況に応じて複数の摂餌方法を使い分けるようですが、それぞれの種には特徴的な摂餌法があるのも事実です。セミクジラ科の種はアーチ形に湾曲した細長い上顎に最長三メートルもの鯨ひげを備えています。その口を半開して動物プランクトンの群れのなかを泳ぎ回るのです。口中に入った海水は左右の鯨ひげの間から排除され、プランクトンが口内に溜まります。これを筋肉質の舌で集めて飲み込みます。生きたプランクトンネットです。

ナガスクジラ科では鯨ひげが短く、最大のシロナガスクジラでも一メートル以下です[148]。さらに、彼らの口器には、①幅広い上顎、②進展性に富む畝(うね)、③風呂敷のように薄く伸びる舌、という特徴があります。小魚などの群れに突進しつつ大口を開けると、畝と舌が緩み、喉から前胸部が袋状に膨らみ、餌動物が大量の海水とともに口中に取り込まれます。そこでゆっくりと口を閉めて鯨ひげの間から海水を排出して餌を捕らえます。

コククジラ科はコククジラ一種よりなります。捕鯨対象ともなり、北大西洋では一八世紀に絶滅し、現在の分布は北太平洋とその縁海に限られます。彼らは夏に高緯度地方の浅海で摂餌し、冬にはカリフォルニア半島やトンキン湾の沿岸で繁殖します[18]。その鯨ひげは硬くて短く、三〇センチメートルほどの長さです。彼らは浅海底で横泳ぎをしながら、海底から数センチメートル以内に接近して口を半開し、筋肉質の舌をピストンのように使って海水とともに泥などを口中に吸い込みます。次に、口を閉じて鯨ひげの間から海水と泥を排除して、口中に残るヨコエビなどの小動物を飲み込みます。そのときに、多くの個体は右側を下にして泳ぐ、つまり右利きであることが知られています[138]。コセミクジラ科のコセミクジラの生活についてはよくわかっていません。

ヒゲクジラ類の特徴のひとつは体が大きいことです。最小のヒゲクジラであるコセミクジラでも体長六メートル、体重三・五トンあります。最大種のシロナガスクジラでは二六メートル、一〇五トンもあります[150]。餌料の供給量が季節的に大きく変動する彼らの生活においては、大量の栄養を蓄える巨体が有利です[145]。

ヒゲクジラ類の繁殖や育児のパターンはハクジラ類に比べて種間の多様性にかけます[150]。妊娠期間は一〇〜一四・五ヵ月とやや幅がありますが、授乳期間（五〜一〇ヵ月）と平均出産間隔（二〜三・五年）は一様に短く、どの種も終生繁殖可能です。一言でいえば頻産・省力育児を特徴としているのです。さらに、寿命の長いことも彼らの特徴です[150]。比較的短命なミンククジラでも最大寿命は四五年、シロナガスクジラやナガスクジラで九〇年前後と耳垢栓の年輪から知られ、ホッキョククジラでは鯨ひげの年輪と水晶体のアスパラギン酸のラセミ化とを併用して二〇〇年と推定されています[100]。環境条件が悪く繁殖に失敗する年があっても、じっとこらえてよい年を待つという戦略でしょう。

ヒゲクジラ類の社会行動については情報が不十分ですが、多くのハクジラ類と異なり、単独ないしは一〇頭以下の小さい群れで生活しています[150]。

5　ハクジラ類の歩んだ道

ハクジラ類の音響能力

ヒゲクジラ類は鯨ひげを得て効率的な摂餌方法を開発しましたが、ハクジラ類は獲物を一尾ずつ捕らえるか、一口ずつ噛みとる方式を維持しました。それを効率的に行うために開発された技術が「音響探測」（エコーロケーション）でした。これは自分で発した音が水中の物体に反射して戻るのを聞き、その方向・距離・大きさ・材質などを知る能力です[75]。これを「音響定位」と称するのは避けたいものです。

動物行動学では、魚が流れに抗して水中で定位置に留まるとか、昆虫が電灯との方位角を維持しつつ光源のまわりを周回する行動を「定位」と呼んでいます。

ヒゲクジラ類の鼻は、吻の中央付近に一対の外鼻孔が開口し、そこから二本の鼻道が頭骨のなかを下がって喉頭にまで伸びる単純な構造ですが、ハクジラ類の外鼻孔の開口はひとつで、その下に複雑な発音機構があります。イルカの外鼻孔を開閉する弁を指で押しのけてなかを見ると、すぐ下に一個の前庭嚢が広がり、その底に二本の鼻道の開口が見えます。二本の鼻道は並行に下降して頭骨を通って口蓋に達します。そこには気管から伸びた喉頭部がはまり、一本の呼吸路となります。前庭嚢の底の左右の鼻道の開口のそれぞれに、人間の声帯に似た発音機構があります。この二つの発音機構はそれぞれが別個に活動できます（マッコウクジラでは右側のみ）。この発音機構の前方にはメロンと呼ばれる脂肪組織があり、音響を集めるレンズの働きをしています。イルカの横顔で丸く膨らんで見える部分がメロンです。左右の鼻道が頭骨に入る前に、それぞれから三個の主要な気嚢（合計六個）が分岐し、前庭嚢とともに発音用の空気の貯留や鳴音の反射板の働きをしています[205]。外部からの音響は左右の下顎骨で受けて、下顎管内の脂肪組織を経て中耳を包む鼓室骨に伝わり、そこから耳小骨を経て内耳へと伝わります。外耳道は塞がり、鼓膜は機能を失っています。鯨類の水中適応のひとつとして、中耳と内耳を包む耳骨は緻密で、頭骨との結合は緩くなっています（第1章3節）。なかでもマイルカ科やネズミイルカ科では、耳骨は気嚢で囲まれて、頭骨とは靭帯で結ばれているだけです。これは周囲の雑音が骨伝導で侵入するのを防ぐ仕組みです[77]。

ハンドウイルカは音響探測で七〇メートル先の直径二・五四センチメートルの無垢の鉄球を検知する

そうです[75]。これはヒトの空中視力に匹敵します。海水の透明度は海面から下ろした直径三〇センチメートルの白色円盤が見えなくなる深さで表示しますが、その透明度は最高でも三〇メートル前後です。このように視界の悪い海洋環境に生活するハクジラ類にとって音響探測の能力は重要です。

音響探測により大量の情報が集まるにつれてその処理のために大脳が発達したのでしょう。音響は仲間の認識や情報交換にも役立ちます。それが仲間同士の連携や永続的な群れの維持に貢献し、社会構造の発達を促したものと思われます。なかでも、マッコウクジラやマイルカ科の若干の種で知られている母系社会（第6章）の維持にはこのような能力が役立つと思われます。

現生ハクジラ類の分化

今世紀に移るころに絶滅[201]したヨウスコウカワイルカを含めて、現生のハクジラ類には一〇科三四属七七種が知られており、きわめて多様な種で構成されています。小型種は体長一・五メートル、五〇キログラム前後のスナメリから、大型種では最大一八メートル、五〇トンを記録するマッコウクジラの雄までであります。寿命も一五年ほどのイシイルカから八〇年も生きるツチクジラの雄までさまざまです。現生のハクジラ類の歯は犬歯・頬歯などの形による区別がなく、歯根は単根で、歯冠も単純で、乳歯と永久歯の生え替わりはありません。ただし、インドカワイルカのように歯冠の形が二次的に多様化している種があります[180]。歯数は分類群によってさまざまに変化しています。

現在知られているもっとも古いハクジラ類は、漸新世初期（三四〇〇万年前）に現れたシモセタス科です[153]。これに続いていくつかのグループが現れましたが、すべて漸新世と中新世の境界期（二三〇〇万年前ごろ）までに姿を消しました。彼らのテレスコーピングは始まったばかりで、頭骨の背面には前頭骨や側頭骨が大きく露出しておりました。彼らの衰退と前後して、漸新世の中期（二八〇〇万年前ごろ）に、スクアロドンやワイパティアなど、ハクジラ類の新しい系統が多く現れましたが、その多くは中新世中ごろまでに絶滅しました。彼らの歯は切歯や臼歯の名残を残しつつも、歯数は増加傾向を見せていました。

マッコウクジラ科とコマッコウ科は漸新世中期、今から二八〇〇万年前ごろまでさかのぼれます[153]。両者は近い関係にあるらしいのですが、その祖先や系統関係は不明です。現生種のマッコウクジラの上顎には機能歯がなく、下顎にのみ左右それぞれに二〇本前後の歯があり、生涯成長を続けます。下顎歯は九歳前後の春機発動期のころに萌出しますが、その時期には個体差が大きいようです[5]。マッコウクジラのおもな餌料は深海性のイカ類や底生魚で、それらを丸呑みに吸い込むので、歯は不可欠ではないようです。コマッコウ類では下顎には左右それぞれに一〇本前後、上顎には〇～三本の歯があります。

マッコウクジラは現生ハクジラ類中の最大種で、雄の体長は通常一五～一六メートルに達します。ワックス成分が多く含まれるマッコウ油は工業用に重用され、日本近海では一九二〇年ごろから大量に捕獲された結果、一九八〇年ごろにはほとんど姿を消しましたが[17,28]、最近では再び姿を見せるようになりました。体長の二五パーセントほどを占める頭部には俗に脳油器官と呼ばれる巨大な脂肪組織がおさまっています。これは音響探測用の音を前方に放射する音響レンズと考えられています[77,193]。

アカボウクジラ科はマッコウクジラの系統よりもやや遅れて中新世初期（二三〇〇万年前）に起源したようですが、化石の記録は一五〇〇万年前までしかさかのぼれません[153]。現生種の数はマイルカ科に次いで多く、種分化が進みつつあるグループと見られます。いずれも細長いくちばしを備えた中型のクジラで、歯の位置と形は種判別の重要な指標です。現生種では機能歯は下顎にのみ一対あり、それも成熟雄にのみ萌出する種が多いのですが、例外はツチクジラ属三種とタスマニアクチバシクジラです。ツチクジラ属では雌雄とも下顎の先端に一対の握り飯状の歯が萌出し、その後ろに小さい痕跡的な歯が一～二対あります。タスマニアクチバシクジラでは下顎の前端に前後幅が三センチメートルほどの一対の機能歯があり、ほかの近縁種と同様に成熟雄にのみ萌出します。これに加えて上下左右に各一七～二七本のイルカに似た小さい歯があるのが特徴で、アカボウクジラ類における歯数減少の過程が示唆されます。多くの現生アカボウクジラ類の歯はほとんど摂餌機能を失い、二次性徴として機能しているものと思われます。アカボウクジラ科のおもな餌料はイカ類ですが、ツチクジラは例外でイカ類のほかに深海性の底生魚類を主餌料としています[17]。アカボウクジラ科とマッコウクジラの脂肪組織にはワックス成分が多いため、食べると下痢をしますが、筋肉にはそのような問題はありません。

今日のマイルカ科、ネズミイルカ科、イッカク科の二二属四六種はマイルカ上科にまとめられます。このグループは中新世初期（二三〇〇万年前）に分化したらしいのですが、これら三科が化石で確認されるのは中新世後期（一一〇〇万年前）以後です。マイルカ科は一七属三七種を含む大きなグループで、淡水・沿岸・外洋と多様な環境に進出し、多方向への分化が進行しつつあります。彼らの生活史や社会構造の研究はまだ始まったばかりの状態にあります。

これまでカワイルカ類としてしばしば一括されてきた動物群は、今日では四科四属五種に分類されています。これら四科の相互の類縁関係は遠く、マイルカ上科とも遠く隔たっております。漸新世末期から中新世末期にかけて（二三〇〇万年前から五〇〇〇万年前まで）、彼らの祖先は世界中の海に栄えていました。その一部が新天地を求めて河川に生活圏を広げたあと、海に残っていた仲間の多くは滅亡したのです。その陰には海中で勢力を増してきたマイルカ科やネズミイルカ科との競争があったと推定されますが[180]、ラプラタカワイルカはその例外で、今も南米の大西洋沿岸域に生息しています。世界の大河に残っているカワイルカ類も安泰ではありません。仇敵ともいえるマイルカ上科の種がそこに侵入を始めていることも問題ですが、人類による環境破壊が最大の懸念です。

ハクジラ類の知的能力

ハクジラ類の脳重は、小はラプラタカワイルカの二四〇グラムから、大はマッコウクジラの九キログラムまであり、マイルカ科ではヒトの脳重一・四キログラムを超えている種も少なくありません。体重に対する脳重比では、古いハクジラ類の系統をひくラプラタカワイルカでは〇・五パーセント程度ですが、マイルカ科のハンドウイルカ、マイルカ、スジイルカは一パーセントに近い値を示します。これはヒトの二パーセントにはおよびませんが、チンパンジーにほぼ等しい値です。もうひとつの興味ある解析があります。それはラプラタカワイルカとスジイルカの出生後の脳の成長です[25]。前種では成体の脳重は新生児脳重の一・六倍ですが、後種では三倍にも成長するのです。ちなみにヒトでは三・五倍に成長します。これは生後の学習能力発達の違いを示していると考えられます。一部のマイルカ科の種は霊長類にも匹敵する高度な社会行動を発達させ、鏡に映った姿を自分と認識することも、文化の存在や道具を使用することも知られつつあります[190]。

鯨類の知的能力は種類によってさまざまなレベルにあるようです。そのため鯨類は「海の霊長類」と呼ばれることがあります[195]。しかし、彼らを「陸の霊長類」と比較した場合に、鯨類は進化の過程で重要なものをひとつ失いました。それは手指です。鯨類の前足の指はへら状の胸鰭のなかに埋もれています。胸鰭は水中生活に不可欠ですが、それは道具をつくり、使用する可能性を犠牲にして得られたのです。

第2章　日本の鯨学の始まり

日本人がイルカを認識したのはいつからでしょうか。八世紀に成立した『古事記』の中巻には、若狭の海岸で鼻からくさい血を流した入鹿魚（いるかうお）の記事があります。座礁して吻端が傷ついたイルカの死体でしょう。また、一三世紀ごろに成立した『平家物語』には、壇ノ浦の決戦の際に一〇〇〇〜二〇〇〇頭のイルカの群れが現れたとあります。私も周防灘で数百頭のマイルカの群れを見たことがあり、まんざら根拠のない話ではなさそうです。少なくとも一部の日本人は、古くからイルカを認識していたことがわかります。しかし、多くの人々はイルカの形すら知らなかったように思われます。

1　イルカとは——動物学以前

イルカ漁師の見たイルカ

イルカ漁師が捕獲していたのはイルカに違いないでしょう。それはいかなる動物でしょうか。『江猪(いるか)漁事』[30]は一七七三年の作といわれ、唐津のイルカの追い込み漁を記録しています。そこには操業の情景描写に加えてイルカの図と五種のイルカの名称が記されています。「はせ」とあるのは今のハセイルカ、「にうどふ」とあるのはオキゴンドウ、「はんどふ」とあるのはハンドウイルカと判定されます。いずれもマイルカ科の種です。なお、「ねずみ」と「しらたご」と記されている種は、その形態からマイルカ科の種とは認められますが、種名までは判断できません。「ねずみいるか」の呼称は、山口県[2]や一九七〇年代の壱岐でも収録されておりますが（第3章3節）、種名は確定できません。今日の標準和名でネズミイルカと呼ばれる種は、東北地方以北の沿岸に分布し、北九州沿岸は分布圏外です。

『山田町史[27]』によれば、岩手県沿岸でも一七二七年ごろからイルカの追い込み漁が行われ、一九〇二年まで続いたなかで、一八五八〜一八八九年の三二年間に真海豚、鎌海豚、鼠海豚、入道海豚、後藤海豚の五種の捕獲が記録されています。このうち、真海豚はカマイルカの雌で、鎌海豚はその雄です。雄は背鰭が大きく湾曲しているのでそのように呼ばれるとのことで、操業においては二つを区別しないそうです。後藤海豚と入道海豚とは記述からは種を判断できません。鼠海豚は体重五三キログラムとあり、当時の真海豚（今日のカマイルカ）の雌（六四キログラム）よりわずかに小さいらしいのです。二二〇〇頭とか七〇頭とか大群が追い込まれた事例から見ると、群集性のマイルカである可能性はありますが、断定はできません。

伊豆半島の沿岸各地でもイルカの追い込み漁の歴史があります。操業の記録は一六一九年にさかのぼり、二〇〇四年が最後の操業となりました（第4章1節）。『静岡県水産誌』[26]は一八七七年から一五年間の静岡県沿岸におけるイルカ漁業に関係する情報を記録しています。沿岸水域に分布する鯨類として抹香鯨、槌鯨、鰯鯨、海豚をあげ、さらに海豚の内訳として、「まゆるか」、鎌海豚、入道海豚（一名ごんぞう海豚、ほうづ海豚）、鼠海豚、「しゃち」（一名さかまた、しゃかま）をあげて、それぞれの形態と体重を記しています。それによれば、「まゆるか」はスジイルカ、鎌海豚はカマイルカ、入道海豚はコビレゴンドウ、鼠海豚はハンドウイルカと判断されます。伊豆半島西岸の安良里漁業協同組合ではコビレゴンドウを大鯆、ハンドウイルカを「ハス長」、スジイルカを真鯆と記した例が知られています。伊豆半島の漁師がスジイルカを「まゆるか」と称することは西脇昌治氏らも確認しています[17]。

本草学者の見たイルカ

本草学（ほんぞうがく）と呼ばれる学問が江戸時代に発達しました。そこでは自然物が人間生活にどう役立つかの視点が重視され、自然物そのものを理解する努力は限定的でした。また、先人の残した書物や関係者の語るところを収録することに熱心で、対象生物を自分の目で見て判断するという科学的な姿勢は乏しかったように感じられます。次に、代表的な本草学書に現れたクジラとイルカの記事を概観しましょう。

江戸時代前期の本草書のひとつに一六九七年の『本朝食鑑』[59]があります。そこでは海産無鱗魚の章に「鯨」を立項し、「せび」、「ざとう」、「こくじら」、「ながす」、「いわし」の五種について、その鯨ひげの特徴を記しています。また、「まっこう」については歯の記述をし、これらが漁業者のいう六種のクジラであるとしています。さらに同一項目のもとに「しゃち」という一丈（約三メートル）ほどで、ときにクジラを襲う小型魚（ママ）があり、漁業者はクジラと同様に採油原料とすると述べています。その形態の記述は支離滅裂ですが、今日のシャチは「鯨」と認識されていたようです。本書には「海豚」の語はありますが、種類の記述はありません。この六鯨については太地の網取り捕鯨が残した一七九二年一〇月一五日文書[43]にも同様の記述があり、そこでは「鰹鯨、一名鰯鯨」との記述があるほかは、『本朝食鑑』の記述と同じです。

一七一二年に刊行された『和漢三才図会』[46]のクジラの記述も先に述べた六鯨の域を出ず、イルカの項では乳房が二つあるとの記述は正しいのですが、その絵はカツオにそっくりでえらぶたまで描かれています。

当時の交通事情では無理もない話ですが、江戸時代の本草学者の多くは鯨類の実物を見ていないためか、形態の記述は不満足なものが多いのです。その例外が一七六〇年の『鯨誌』[68]です。当時、紀伊半島周辺では九木（鬼）浦、二木島、遊木浦、三輪崎、太地、古座などで網取り捕鯨（第8章2節）が行われておりました。一人の画家（氏名不詳）がそのどこかでクジラの図を描き、今の和歌山市にいた薬商の山瀬春政がそれに説明をつけて出版したのが『鯨誌』です。実見にもとづいた鯨類の記述はおおむね正確です。今日の分類群ごとにあげると、ヒゲクジラ類では「せびくじら」、「ざとうくじら」、「こくじら」、「ながすくじら」、「いわしくじら」、「かつおくじら」、「のそくじら」の七種をあげ、ハクジラ類ではマイルカ科の「ないさごとう」、「しほごとう」、「おほなんごとう」、「さかまた」の四種、アカボウクジラ科の「あそびくじら」一種、マッコウクジラ科の「まつこくじら」一種、合計六種をあげています。

『鯨史稿』[6]は一八〇八年ごろ作の未刊の書籍で、平戸の捕鯨を実見した経験をもとに、諸書の記述を集めています。そこには「イルカ」なる語は現れません。今のヒゲクジラ類に相当する種として五種を列記し、ハクジラ類に相当する種としては「まっかうくじら」、「つちくじら（房州ではつちんぼう）」、「あかぼうくじら」、「さかまた」、「ごとくじら」、「すなめりくじら」の六種をあげています。

『水族誌』[32]は今日のイルカ類に関しては、「ねずみいるか」、「にうどういるか」、「はんどういるか（太地の俗称クロ）」、「すぢいるか」、「ぼういるか」、「かまいるか」に加えて「なめり（一名なめのうお）」を列記していますが、いずれも諸書よりの引用で自身の観察にもとづくものではありません。

江戸時代の本草学ではクジラに歯のある種とない種があることは知られてはいましたが、その分類学的な意義は認識されておらず、ましてマイルカ科とネズミイルカ科の区別は知られていなかったのです。

なお、ヒゲクジラ類の呼称も地域により同名異物の状態があり、明治以後にそれが統一される段階でも、さらに混乱が発生しました。若干の例をあげれば、今のシロナガスクジラは「ながす」あるいは「ながそ」（土佐、紀州、山口県瀬戸崎）、「しろながそ」（山口県黄波戸、川尻）、「にたりながす」（長崎県生月）、「はいいろながす」（黄波戸）などと呼ばれ、今のナガスクジラは「のそ」（山口県通、瀬戸崎、土佐、紀州）、「ながそ」（黄波戸、川尻）、「しろながす」（生月）などと呼ばれました。これら西日本の古式捕鯨地には今のイワシクジラは分布しません。当時「いわしくじら」とか「かつおくじら」と呼ばれた種は今のニタリクジラの仲間であると考えられます[17、22]。古文献を読む際にはこれらの種名には注意が必要です。

2　動物学者の視点

前節では一九世紀ごろまでの日本人のクジラとイルカの認識を紹介しました。当時の日本のクジラ研究者には動物分類学の考え方がなく、イルカ漁で獲れるのがイルカであり、捕鯨業で獲れるのがクジラであるという程度の認識だったようで、それら二つの範疇には重複部分があったのです。

イルカ学の先駆者——服部徹氏と永沢六郎氏

動物分類学は個体ごとの特徴を調べて、似たものをまとめて種にまとめ、さらに属、科、目などの上位群にまとめることを目指します。今日の動物分類学は一七五八年のリンネの『自然の体系』の第一〇版を基準にしています[144]。

このような系統分類学の考えが日本の鯨類に導入されたのは一八八七年の服部徹氏の『日本捕鯨彙考』が最初かと思われます[56]。これは本草学の流れをくむ書籍で、日本の伝統捕鯨を紹介することを目的としていましたが、主要な種について鯨図と学名を示しつつ、鯨類、すなわち遊水類（Cetacea）を次のように分類しました。今では使われない分類名ですがそのままに紹介します。

鯨科（Balaenidae）　　：正鯨属（Balaena）：背美鯨、小鯨
　　　　　　　　　　　　鰭鯨属（Balaenoptera）：座頭鯨、長簀鯨、鰯鯨
壺魚科（Physeteridae）：壺魚属（Physeter）：抹香鯨
海豚科（Delphinidae）：海豚属（Delphinus）：巨頭鯨、逆戟鯨、槌鯨、赤坊鯨、すなめり鯨、海
　　　　　　　　　　　　豚、大魚喰も此属なるべし
　　　　　　　　　　　一角魚属（Monodon）：本邦産なし

彼は鯨類をヒゲクジラ類とハクジラ類に大別し、後者をマッコウクジラとそれ以外の二群に分類しました。アカボウクジラとツチクジラもマイルカ類に一括されていますが、これは今日の分類学では支持されません。これを除けば、そこにはマイルカ科、ネズミイルカ科、イッカク科の三科をまとめてマイルカ上科とする今日の分類体系に通じる思想が見えます。この分類には「カワイルカ類」の記述がありません。情報の乏しい当時としてはやむをえないことでした。カワイルカ類は、系統分類学的にはマイルカ上科とは遠縁ですが、その大きさや行動を見る限り、これを「イルカ」型の動物と見て不自然ではありません。[25] 英語圏でも同様の扱いを受けています。「イルカ」と「クジラ」の区別は自然分類ではなく、人為分類なのです。

イルカ類の種を学名で日本に紹介したのは永沢六郎氏が最初かと思われます。[51] 彼は一九一六年にマイルカ上科一一種にツチクジラとアカボウクジラを加えた一三種について、その学名を学術誌に提案しました。

これら先駆者の手法は、イルカやクジラの標本を見て種を判定するという動物学の手順をふむ作業で

はなく、主として西欧の文献の記述と日本国内の鯨種に関する既存の知識を対照して学名を定める作業でした。そのため、操業地ごとにイルカやクジラの呼称が異なることが作業の障害になりました。その解決には、日本各地で集めた標本にもとづいて種を判定し、産地による名称の異同を整理する必要がありました。

標本重視の分類——小川鼎三氏と西脇昌治氏

日本のイルカ類の分類に貢献した科学者は少なくないのですが、解剖学者の小川鼎三氏の貢献は大きいと思います。彼はその著書『鯨の話』のなかで次のように書いています。「(海豚の) 実物と照らし合わせて文献を読むことがたびかさなるにつれて、わが国では……(中略)……先人の努力が外国の文献に向かっていて、実物を見ることがだいぶ足りないようである」[11]。彼は実物にあたるという動物分類学の基本姿勢に立って研究を進めました。

小川氏がイルカ類の分類に関する研究を始めたのは一九三〇年ごろでした。巨大でかつ皺に富むイルカの脳は、ヒトの脳に劣らない興味ある研究対象であるとして、彼は東北帝国大学でその解剖学的な研究を始め、東京帝国大学に移ってからもその研究を続けました。彼は研究を進めるなかで漁業者のいうイルカの種名に疑問を感じたのです。正確な種名は論文を書く際にも必要です。そこで彼は日本各地のイルカ漁業地に出かけて標本を入手し、外部形態や頭骨の特徴を外国の文献と対比して種を判定し、その和名を定めました。その成果の主要部分は、『本邦産鯨類の分類に就いて』として出版されています[9]。そこではマイルカ亜科 (Delphininae) にゴンドウクジラ類、シャチ、マイルカなどを含め、ネズミイルカ亜科（Phocaeninae）にイシイルカやネズミイルカを入れ、両亜科を合わせてマイルカ科（Delphinidae）としています。

漁獲物や漂着個体にもとづいて日本近海の鯨類動物相を明らかにする努力は長崎大学の水江一弘氏や金沢大学の山田致知氏らも続けていました。自ら集めた知見とともに、これらを総合したのが日本捕鯨協会鯨類研究所（鯨研）の西脇昌治氏でした。彼は当時知られていた世界中の鯨種について産地や形態的な特徴を記述し、地方名とともに標準和名を提案して、『鯨類・鰭脚類』として一九六五年に出版しました[52]。

これで日本近海の鯨類動物相がすべて明らかになったわけではありません。日本近海のゴンドウクジラ属の分類学的な議論は一九九〇年代まで続き、その過程では国立科学博物館に収納されていた小川氏の収集した頭骨標本も使われました（第6章1節）。今世紀に入ってからも新種の鯨類が日本近海から報告されています。二〇〇三年にはヒゲクジラ類の新種ツノシマクジラが記載され[188]、二〇一九年にはアカボウクジラ科の新種クロツチクジラが記載されています[194]。いずれも捕鯨業者からの「どうも違うものがいるようだ」という話が発端となり、科学者が漂着個体などを執念深く追跡して新種の発見となったものです。これからもこのようなことが起こるかもしれません。

日本近海の鯨類の種名や分布については“*The Wild Mammals of Japan*”[171]が参考になります。

第3章　イルカのすむ海

ヒゲクジラ類のなかには高緯度の摂餌海域と熱帯の繁殖海域の間を季節的に移動する種があります。厳密な意味で回遊と呼ばれるのは、目的地までの移動中はほかの行為に関心を示さない移動を指すそうで、コククジラやザトウクジラにそれらしい例が見られます。

このような大きな移動をせずに、北極圏や亜熱帯水域に生涯留まるヒゲクジラ類もあります。ホッキョククジラは北極海やオホーツク海などの寒冷域に周年留まります。日本近海のニタリクジラは季節的に南北移動をしますが、温暖水域内での移動です。

ハクジラ類の季節移動もこれら非回遊性の種に似ており、特定の海洋環境に周年留まる傾向が強いのです。ただし、マッコウクジラの雄は例外で、彼らは繁殖期が終わると、雌の群れが生活する温暖海域を離れて、餌の豊富な高緯度海域に移動して英気を養うといわれます。

本章では、いわゆるイルカ類のすみわけと海洋環境の関係について紹介します。

1　日本周辺の海流構造

黒潮と亜熱帯環流

太平洋の北緯八度から二三度の緯度帯には、北東貿易風を原動力とする西向きの表層流があります。これが北赤道海流で、太陽に暖められつつ西進して、フィリピン諸島にあたって南北に分かれます。南に向かう流れはまもなく東に向きを変えて赤道反流となります。北に向かうのが黒潮の源流です。このあたりの表面水温は周年二七〜三〇度です。黒潮の源となる北赤道海流は太平洋を横断するなかで栄養塩が消費され、透明度が高くなり紺碧に見えるのでその名があります。黒潮は台湾と八重山列島の間を抜けて東シナ海に入り、南西諸島の西側を北上しつつ、徐々に向きを東に変えて、トカラ列島のあたりで再び太平洋に出ます。その後、通常は四国・本州の南岸を北東方向に進むので、房総半島の北では陸から遠ざかることになります。この流れは茨城県沖の北緯三六度付近で東に向きを変えて、蛇行しつつ東進します。これが黒潮続流で、北側の水よりも暖かいので暖流と呼ばれます。

黒潮続流は冷却されつつ東経一六〇度付近に至って北太平洋海流と名を変え、さらに東進して北緯四〇度付近で北米大陸にあたって南北に分かれます。大陸に沿って南流するのがカリフォルニア海流（寒流）です。この流れは南下して前述の北赤道海流の源流となり、亜熱帯環流と呼ばれる時計回りの大きな循環流が完成します。

日本南岸の黒潮流を時速三キロメートル以上の範囲とすると、その流れの幅は五〇キロメートル前後、流れの深さは六〇〇～七〇〇メートルとなります[47]。黒潮は北上するにつれて冷却され、表面水温が低下します。銚子沖から茨城県沖あたりの表面水温は盛夏九月ごろには三〇度近くになりますが、真冬の二月には一六度前後に下がります。そこには大気による冷却と親潮（寒流）の影響が関係しているようです。

黒潮と黒潮続流の右岸からはいくつもの分流が発生します。この分流は時計回りに南西に向かい南西諸島から台湾付近で黒潮流に合流します。この時計回りの大きな渦状の流域が黒潮反流域です。暖海性イルカ類の分布は、黒潮本流によって沿岸水域と反流域とに分断されている種があると私は見ています。これについてはあとで触れます。

黒潮蛇行と呼ばれる現象もイルカの分布に影響します。通常の黒潮流は四国沖から房総半島までは沿岸に沿って流れますが、この区間において大きく沖合に蛇行した後、反時計回りの弧を描いて本州近くに戻る事例が不定期に発生します。これが黒潮蛇行で、一度発生すると数年間消えない場合があります。蛇行流の陸側には冷水塊が形成され、日本の沿岸漁業に大きな影響を与えます。一般に伊豆半島や紀州沖のイルカ漁は黒潮が接岸すると好漁となるといわれていますが、これは沿岸水域のイルカが岸近くに押し寄せられることに起因すると解釈されます。これも黒潮蛇行と関係する場合があります。

対馬海流とその末流

黒潮は東シナ海を北上するなかで、九州西方に向かう分流を生じます。その一部は分かれて黄海に向かいますが（黄海暖流）、大部分は対馬海峡を抜けます。その後、一部は朝鮮半島東岸を北上し、残りの大部分は本州の西岸沿いに北上する対馬海流（暖流）となります。対馬海流が津軽海峡付近に達すると、その主要部分は海峡を抜けて太平洋に出て、三陸沿岸に沿って南流し、金華山付近で消滅します。これが津軽海流（暖流）です。対馬海流の残りは北海道西岸を北上し、多くは宗谷海峡を抜けてオホーツク海に入り網走沖で消滅します。これが宗谷海流です。対馬海流の残余の部分はカラフト西岸まで北上するといわれます。

親潮と亜寒帯環流

黒潮続流に続く北太平洋海流が北米大陸にあたり南北に分かれると先に述べました。そこから北流するのがアラスカ海流（暖流）です。この流れはアラスカ半島沖で西に向きを変えてアリューシャン海流となり、アリューシャン列島の南側を西流してカムチャツカ半島の南端あたりでベーリング海からの南下流と合して親潮の源流となります。このあとオホーツク海の水を取り込みつつ千島列島沿いに南下するのが親潮（寒流）です。

親潮は三陸沖で東に向きを変えて黒潮続流の北側を東流する亜寒帯寒流となります。亜寒帯寒流は北米東岸に至り、アリューシャン海流に合して、亜寒帯域における反時計回りの循環（亜寒帯環流）を形成します。

親潮はベーリング海やオホーツク海から栄養塩の供給を受け、黒潮の二〜三倍の生産力をもつといわれます。親潮源流域の平均表面水温はゼロ度前後（冬）から九度前後（夏）の間にありますが、南下につれて暖められ、北海道南岸では平均一度前後（冬）から一九度前後（夏）となります。ただし、海流の境界域の水温は季節変動に加えて年変動も大きいものです。

2　海水温

鯨類の分布と海洋環境

表面海水温は海洋環境の重要な指標のひとつです。海洋調査船は船底に自記水温計を備えて、表面海水温を連続的に記録してくれます。それがない場合には、紐をつけた小型採水器を投げて採水して測温することもできます。私は瀬戸内海のスナメリ調査の際には、航走中のフェリーボートからこのようにして、表面海水温を測定しました。

表面海水温は入手しやすい海洋環境の指標ですから、イルカ類を含む鯨類の調査航海ではつねに記録されてきました。しかし、鯨類の分布に影響する海洋環境は表面水温に限らないのも事実ですし、分布が表面水温とは無関係に見える鯨種もあります。

シャチは熱帯の海から極海にまで広く分布していますが、食性・社会構造・形態などを異にする生態型と呼ばれる個体群が各地にすみわけており、けっして汎世界的な移動をしているわけではありません(65)。シャチの分布と海洋環境の関係はよくわかりませんが、彼らは母親から教わった餌動物に頑なに執着するので（第7章2節）、餌動物の分布が生活域を規制する一要素であると私は感じています。

ツチクジラは北部北太平洋の大陸斜面域に広く分布していますから、寒流系の種ともいえるでしょう。しかし、夏の房総～常磐沖では大陸斜面域の水深一〇〇〇～三〇〇〇メートルの帯状の範囲に出現し、その分布は表面水温とは無関係です。彼らは優れた潜水能力を活用して（第7章3節）、深海の底生魚類を食べているので、その分布には底生性の餌の分布が影響しているという解釈があります[17]。

アカボウクジラも両半球の極海から熱帯域まで広く生息していますが、その季節移動は明らかになっていません。彼らは最大三時間という驚くべき潜水能力をもっていますが[179]、潜水中に摂餌しているのか眠っているのかもわかっておりません。

先にあげたような若干の例を除けば、ゴンドウクジラ類を含む多くのイルカ類の潜水能力は二〇〇～六〇〇メートル、数分～二〇分程度であり[77]、その分布が特定の海流系と結びついている事例も少なくありません。

海水温は深さが増すにつれて低下するのが普通ですが、寒流と暖流が接するところでは寒流が暖流の上にかぶさり、水温が逆転することが起こります。下層の水温の暖かさに気を許したイルカが海面に浮上して冷たい水に出合ってあわてることもあるでしょう。茨城県から福島県にかけての海岸には鯨類の座礁・漂着が頻発することが江戸時代から知られています[6、37]。その背景にはこのような海洋構造があると想像されます。

海洋環境の季節変化

日本周辺の表面海水温は黒潮変動（前述）のような不規則変動に加えて、季節変動も著しいのが特徴です[17]。そのような季節変動には列島周辺の海流の季節的な消長に加えて、大気温も影響します。日本列島が位置する大陸東岸域の気候は、大陸西岸に比べて季節変化が著しいのです。日本各地の平均気温は二月に最低を、七〜八月に最高を記録します。表面海水温の季節変化はこれよりも約ひと月遅れて、最低が二〜三月、最高が八〜九月に現れます。

日本の太平洋岸では、盛夏の八〜九月には常磐沖の黒潮流域の表面水温は三〇度に近く、そこから北に行くほど低下し、北海道南岸の襟裳岬沖では二〇度前後になります。それより少し北の釧路沖には親潮の末流が頑張っており、表面水温は一五度前後です。この釧路〜襟裳岬あたりが寒流系のイルカ類の夏の分布南限になっています。

秋から冬にかけて、寒流水の南限がしだいに南下します。二〜三月には一五度の等水温線が銚子あたりに達し、そこが寒流系のイルカの分布南限となります。つまり、寒流系のイルカの分布限界は夏には二〇度前後、冬には一五度前後となります。なお、冬には黒潮の表層が冷却されるため、二〇度前後の等水温線は四国沖（北緯三三度）にまで南下しますが、暖海性のイルカの分布北限はそれほど大きく南下しません。暖海性のイルカの分布の下限水温も季節的に変化するのです。イルカの分布には表面水温の季節変化に抗して、地理的な移動を少なくする傾向が見えます（第3章3節）。

日本の日本海沿岸における海況の季節変化は、太平洋側の千葉県から北海道南岸にかけての様相に似ています。すなわち、一五度の等水温線は冬には九州の西岸から北九州沿岸にあり、対馬暖流の影響は日本海にはおよびませんが、春からそれがしだいに北上して、八月には一五度と二〇度の等温線ではさまれた混合域は宗谷海峡からオホーツク海南部の網走沖に広がります。

3　イルカの好む環境

研究の経緯

日本は一九三七年に盧溝橋事件を起こして日中戦争を始め、続いて一九四一年には日米戦争を始めましたが、戦略物資の確保に苦労しました。軍靴の材料とする皮革の供給源として鯨類が注目され、イルカ漁が奨励されました[17、61]。その波及効果で日本周辺のイルカの分布に関する情報が集まり、北方系の種としてイシイルカやセミイルカなどが、南方系の種としてマイルカやスジイルカなどが認識されました[55]。しかし、日本近海のイルカ類の種ごとの分布域やその季節移動に関する知識は依然として限られていました。たとえば、伊豆半島の東西岸では秋から春にかけて追い込み漁が操業され、多数のスジイルカが捕獲されていましたが、彼らが盛夏をどこで過ごすのかも未解明でした。

イルカ類を漁業資源として管理するにせよ、生態を研究するにせよ、その分布、季節移動、生息数などは重要な基礎情報です。私は一九六六年に日本捕鯨協会鯨類研究所（鯨研）から東京大学海洋研究所（海洋研）に移りました。そこには淡青丸と白鳳丸の二隻の研究船があり、部門主任の西脇昌治教授の提案で、日本周辺の研究航海にはどれにも参加してイルカ類の分布を調べることになりました。主として私と呉羽和夫技官が乗船し、当時は大学院生だった宮崎信之氏が加わることもありました。そのほかに水産試験所の調査船に便乗したり、瀬戸内海ではフェリーボートを乗り継いだりしてイルカ類の分布データを集めました。その後、私は一九八二年に水産庁の遠洋水産研究所（遠水研）に移りましたが、捕鯨縮小の影響で余っていた捕鯨船を用船して鯨類の分布調査を続けることができました。遠水研では宮下富夫氏がこの分野の主力となりました。

イルカ類の分布調査では、走行中は操舵室の屋上から海面を探索し、イルカ類を発見するとそのときの船の位置、表面水温、イルカまでの距離などを記録します。イルカ発見時の位置をもとに海図からその水深が知られます。このような努力を三〇年近く続けて、西部北太平洋とその沿海において、会計年度末を除き、ほぼ四季をカバーするイルカのデータを集めることができました。

日本近海のイルカ類の分布に関して、もうひとつ重要な情報源があります。それはイルカの死体が海岸に流れ着く、あるいはイルカの群れが集団で海岸に座礁するなどの事例です。漂着事例のなかには通常の分布範囲を外れた異常個体が混入するおそれがありますので、まれな事例の解釈には警戒が必要ですが、分布に関する貴重な情報を提供します。日本でも多くの研究者の協力で漂着個体の記録が収集され、そこから研究材料や生態情報が得られております。漂着などの事例集は石川創氏らの努力で出版もされています[37]。

調査航海の一例——宮崎信之氏とともに

日本近海のイルカ類の出現と海洋構造の関係を類別する前に、ある研究航海の出来事を紹介します。それは研究船淡青丸の航海に私と宮崎信之氏が参加して、下北半島東方沖から房総半島の和田浦沖までを岸沿いに南下したときの記録です。期間は一九七五年六月一一日から一七日まで、正味四日間の観察でした。コースは沿岸から一〇〇キロメートル以内にあり、航走中は終日観察しました[136]。

初日は下北半島東方の北緯四一度付近から大槌沖までの南北一八〇キロメートルを観察し、イシイルカ一三群六一頭とコビレゴンドウ（タッパナガ）一群四〇頭を記録し、コビレゴンドウの背鰭後方の白い鞍型斑の美しさに目を奪われました。これがタッパナガ型との最初の出合いでした（第6章1節）。この間の表面水温は一五〜一六度台に安定していましたが、日没後の大槌沖では一六キロメートルの航走中に表面水温が二度ほど上昇して一八度台になりました。小さい潮目があったようです。

二日目は金華山沖から小名浜港に向けて仙台湾東方海域を南南西に航海しました。南北一八〇キロメートルの範囲でカマイルカ五群九頭を発見しました。カマイルカの発見位置における表面水温は一六〜一八度台で、前日のイシイルカの出現域の温度を一〜二度超えていました。

三日目の調査は小名浜出港から鹿島灘沖の北緯三六度付近まで、南北八〇キロメートルの範囲を観察しました。小名浜沖ではカマイルカ四群二九〇頭に遭遇しました（表面水温は昨日と同様一六〜一八度台）。そこでは数頭の成体のカマイルカが幼い死体を水面に突き上げて、呼吸を助けるような行動をしているのに出合いました。そこから南に六〇キロメートル下った海域ではハナゴンドウ二群二二頭（表面水温二〇〜二一度台）を記録しました。両海域の間には一〇キロメートルの航走中に表面水温が一八度から二一度まで急上昇する顕著な潮目がありました。黒潮の北縁がこのあたりにあったのです。

四日目は房総半島の和田浦沖（北緯三五度）でオキゴンドウ一群を記録しました。表面水温は二五度台で黒潮の本流域に入ったものと思われます。

これらの記録から、初夏の太平洋沿岸では南下するにつれて水温が上昇し、出現するイルカの種類が変化する様子が認められます。日本近海のイルカ類の好む環境要素のひとつに水温があることがわかりましたが、イルカの出現には水深などの海底地形も関係することも知られていますので、以下ではこれらについて紹介します。

寒流系の種――イシイルカとネズミイルカ

イシイルカとネズミイルカはネズミイルカ科に属し、ともに寒冷域の代表種ですが、水深の好みに違いがあります。イシイルカが普通に出現する水温の上限は冬の一〇~一一度から夏の一八~一九度まで変化します。彼らは特定の表面水温を追って生活しているわけではなく、表面水温の季節変化に多少は逆らって移動を少なくしているのです。イシイルカの出現する下限水温としては三~四度がオホーツク海やベーリング海で記録されています。本種の分布南限は、冬には日本海側では島根県の江津沖、太平洋側では銚子沖にあり、夏には宗谷海峡付近と襟裳~釧路沖にあります。夏にはオホーツク海の全域で記録されていますが、冬には氷を避けて日本海や太平洋に移動するものと思われます。本種は外洋性で通常は大陸棚の外側に生活し、種としての分布域は北部北太平洋をカバーして北米大陸沿岸にまで広がっています。イシイルカは体側の白斑が大きくオホーツク海から三陸沖に分布するリクゼンイルカ型と、白斑が小さくて広域に分布するイシイルカ型とに分けられます。後者にはさらに複数の個体群が含まれています(第5章1節)。これら個体群それぞれの分布範囲や、すみわけの背景にある環境要因などは明らかではありません。

私は石川創氏の収集した二〇〇〇~二〇一二年の一三年間の漂着記録[37]を解析してみました。その結果、ネズミイルカの漂着はオホーツク海・日本海・太平洋の沿岸に発生していました。太平洋側では、北海道沿岸が漂着事例の大部分（九五パーセント）を占め、青森県から茨城県までにも若干（四パーセント）ありましたが、千葉県以南ではまれでした。日本海沿岸の漂着例のうち八〇パーセントは北海道沿岸で、本州沿岸には二〇パーセントでした。

ネズミイルカの洋上観察例は少ないのですが、いずれも水深二〇〇メートル以浅の大陸棚域とその周辺に限られます。そのときの表面水温は一六〜一九度が主体で、上限は二二〜二三度でした。その分布域から見て、本種はイシイルカと同様に寒冷域の種といえます。しかし、沿岸域に執着した結果、やや大きな水温の季節変動に耐えざるをえなくなっているようです。北九州沿岸には本種は分布しません。壱岐のイルカ騒動（第8章）に際して話題となったのですが、現地の漁業者が「ねずみいるか」と呼ぶイルカがありました。ネズミのように声を出すことからの命名だそうで、それがなにであったかは定かでありませんが、ネズミイルカでないことは確かです。ネズミイルカの脂皮と肉は美味です。

中間域の種——カマイルカとセミイルカ

両種ともマイルカ科に属します。日本のサケ・マス流し網漁やイカ流し網漁で多数のイルカが混獲され、個体群への影響が懸念されて、日米加三ヵ国の共同調査が行われました。その活動のひとつとして、一九八〇年代の八〜九月に中部北太平洋の横断調査が行われ（第5章2節）、イルカ類の分布に関する情報が得られました[66]。

それによると、北海道東方の東経一四五〜一五五度の海域にはセミイルカもカマイルカも出現がきわめて少ないのです。この分布の空白域は親潮の流域に相当します。この空白域より東方の沖合域では多数のセミイルカとカマイルカが出現しました。両種の間にはすみわけは認められず、二種とも寒冷種イシイルカの分布域の南側の表面水温が一二〜一九度の海域に出現しました。その緯度は北緯四〇〜四七度の範囲にありましたが、アラスカ湾域ではやや北に広がっていました。これら二種の分布域に接して、その南側にはスジイルカのような暖海種が出現することも確かめられました[130]。

次に日本列島の周辺におけるこれら二種の分布を見ましょう。まずセミイルカとカマイルカの分布の違いが注目されます。先に述べた東経一四五〜一五五度の空白域の西側の北海道〜三陸沿岸域には多数のカマイルカが出現しました。しかし、セミイルカの出現は一四八度以西では皆無でした。前述の二〇〇〇年から二〇一二年までの一三年間の記録を見ても、セミイルカの漂着例はオホーツク海と日本海にはゼロで、太平洋岸に六例あるのみです。同じ期間にカマイルカの漂着は日本海岸で一一三頭、太平洋岸で七五例あるのとは著しい違いです[37]。セミイルカは日本海には分布せず、太平洋沿岸にもまれであると判断されます。

前述の分布の空白域を境にして東側と西側のカマイルカが異なる個体群に属することは、ミトコンドリアDNAの解析により示されています[106]。沖合のカマイルカの生活域は寒冷性のイシイルカと暖海性のスジイルカの間にあることは先に述べました。日本の沿岸域におけるカマイルカの出現水温域は周年では一〇〜二一度の範囲にあり、沖合の事例と異なりません。本種の日本国内の漂着記録の北限はオホーツク海沿岸と根室海峡にあり、漂着の南限は太平洋側では伊勢湾周辺、日本海側では北九州にあります。ただし、和歌山県太地のイルカ漁船は地先で二月に本種をしばしば見ております（第4章4節）。カマイルカはこれら越冬海域と北海道沿岸の間を季節的に移動していると判断されます。

なお、日本海沿岸の但馬地方では一九四〇年代に突きん棒によるイルカ漁が行われました。その記録によるとイシイルカの主漁期は三〜五月（ピークは四月）で、カマイルカのそれは四〜六月（ピークは五月）でした。両種の南北のすみわけを示しています[55]。

日本の東西岸のカマイルカが越冬地で交流することはないようですが、夏に北海道沿岸で交流する機会があるか否かは明らかではありません。北海道大学の河村章人氏らが青函連絡船上でイルカの目視調査をしました[29]。その調査はおもに五〜六月になされ、陸奥湾口周辺で多数のカマイルカを記録しています。しかし、これらのカマイルカが太平洋側からの来遊か、日本海側からのものか定かではありません。カマイルカは体側に特徴的な色斑をもっています。太平洋側と日本海側の個体で、その色斑に多少なりとも違いが見つかれば、彼らの回遊の解明に役立つでしょう。

暖流系の種――スナメリやスジイルカなど

日本近海に生息する暖流系のイルカ類としては、ネズミイルカ科のスナメリ一種とスジイルカなどマイルカ科の多くの種が含まれます。

まず、スナメリから紹介しましょう。本種の出現時の表面水温は、主として瀬戸内海で得られた周年データですが、五度から三〇度までの広い範囲にあり、これだけでは暖流系の種であるとの判断はできません。本種は日本から朝鮮半島沿岸を経て台湾海峡と揚子江にまで分布します。そのなかで揚子江の個体は背中を前後方向に走る細い隆起帯（キール）がとくに狭いこと、朝鮮半島西岸から黄海にかけての個体は背中のキールに並行する窪みが左右にあることで、日本産の個体と区別されます。日本近海では南西諸島には分布せず、その分布は瀬戸内海から仙台湾までの太平洋と、西九州から新潟県までの東シナ海と日本海で、生息環境は内湾と水深五〇メートル以内の浅海に限られます。台湾海峡から南にインド洋にかけての沿岸域には、別の近似種が分布します[17]。

この分布パターンから、スナメリは南方起源の沿岸性の種であり、沿岸性を維持しつつ北方に分布圏を広げる段階で、広い温度耐性を獲得したと推論されます。日本各地の内湾には頭骨の計測値やDNA組成を異にする個体群がそれぞれ生息することが知られていますが、伊勢湾とその北方の個体は瀬戸内海や九州沿岸の個体に比べてミトコンドリアDNAの変異型の多様性が低いのです。これはスナメリが瀬戸内海から伊勢湾へ、さらに東京湾や仙台湾へと順次分布を広げてきたとする解釈と整合する情報です[17]。そのような分布拡大は一万年ほど前に最後の氷河期が終わり（第6章2節）、気候が温暖化に向かうにつれてなされたものと想像されます。仙台湾沿岸ではスナメリの脂肪を食べると下痢をするといわれます[6、17]。これが特定個体群の特徴なのか否か確認が待たれます。

体長二メートル足らずの小さいスナメリが、どのようにして大陸東岸域の海洋環境の著しい季節変動に耐えているのでしょうか。鳥羽水族館で飼育された二頭のスナメリの摂餌量の季節変化がヒントをくれます[23]。そこの飼育水槽には沿岸水を入れており、水温が二月の二度前後から九月の二五度前後まで変動するなかで、一頭・一日あたりの摂餌量は七〜九月に二〜三キログラムの最低を記録し、水温低下が始まる九月ごろから増加が始まり、一月には最低時の二〜三倍の摂餌量を記録したあと、減少に向かいました。冬に向かって真皮の脂肪層（脂皮）に脂肪を蓄えて保温効果を高めるとともに、寒冷期には代謝を高めて体温を保持する作戦と解釈されます。沿岸水域の高い生産力がそれを可能としているのでしょう。

スナメリのすむ浅い沿岸水域は生産力は豊かですが、人間活動で破壊されやすい環境でもあります。一九九〇年代の瀬戸内海のスナメリの生息数は、一九七〇年代のそれに比べて三〇パーセントに低下したとされ、その原因として埋め立てや浚渫による浅海環境の消滅、網漁業による混獲、化学汚染などの可能性が指摘されています。[18] ほかの海域ではこのような長期的な調査がされていませんが、同様の問題があるものと思われます。これからは沿岸水域におけるスナメリの生活環境と個体数の動向のモニタリングが望まれます。

コビレゴンドウも暖流系の種ですが、黒潮流域内の温暖水域（出現水温：一八〜二九度）を好むマゴンドウ型と、銚子〜道南の黒潮と親潮にはさまれたやや寒冷な沿岸域（出現水温：一三〜二六度）に分布を広げたタッパナガ型が知られています。二つのタイプの分化の過程については後に触れます（第6章2節）。

暖流系のマイルカ科の種でも、表面水温の好みは同じではありません。ハナゴンドウやハンドウイルカはまれには一一度の海面でも見られますが、通常は一四度以上に出現します。スジイルカやマダライルカは通常は一九度以上に見られます。

太平洋側の暖流域には出現するが、日本海側には出現しないか出現がまれな種もあります。スジイルカ、コビレゴンドウ、カズハゴンドウがそれですが、その理由はわかっていません。[17]

西部北太平洋の暖流域には複雑な海流構造があり（第3章1節）、それに応じて、暖流系のイルカの分布にも特徴的なパターンが見られます。スジイルカで見ると、黒潮の本流域には分布が薄く、三個の濃密域が①九州以北の太平洋岸と黒潮流にはさまれた沿岸域、②黒潮続流域、③黒潮反流域、に認められます。それぞれに異なる個体群が分布しているものと推定されております[124]。これに似た分布パターンは、ハンドウイルカ、ハナゴンドウ、マゴンドウにも認められます[158]。いずれも暖流種です。

マダライルカとオキゴンドウはこれら四種と異なり、黒潮反流域に比べて沿岸域における密度がきわめて低いことから、日本列島と黒潮にはさまれた沿岸水域に一個の個体群があること自体が疑問視されています。太平洋の沿岸域に出現する個体は黒潮反流域からの来訪者かもしれません[18]。

第4章　スジイルカ――暖流系の代表種

1　日本のイルカ漁

日本で行われているイルカ漁には突きん棒漁、追い込み漁、いしゆみ漁（弩漁）があります。このほかに小型捕鯨船も若干のイルカ類を捕獲しています（「おわりに」参照）。初めの二つは縄文時代から各地で行われていた手法です。突きん棒漁の漁具は長さ三メートル前後の銛竿と綱のついた銛先からなります。銛先を銛竿の先にはめて小型漁船から獲物に投げると、銛先は竿から外れて獲物の体内に残り、獲物は綱で漁船や浮きと結ばれて確保されます。この漁具は回転式離頭銛とも呼ばれ、イルカ、マンボウ、カジキなどを獲るために、多くの日本の小型漁船の常備品となっています。いしゆみ漁は沖縄の名護で行われている手法です。当時の汽船捕鯨業取締規制は「螺旋推進器を備える船舶により、もりづつを使用して鯨を捕る漁業」を捕鯨業と定義して規制の対象としていました。その法網をくぐってゴムひもで銛を発射する漁法が一九七五年ごろから沖縄の名護で始まり、今に続いているものです[12、17]。追い込み漁は岸近くにきた魚やイルカの群れを入江や網のなかに追い込んで捕獲する方法です。

日本の全イルカ漁に対して鯨種別に捕獲枠が設定されたのは一九九三年からです。

日本のイルカ追い込み漁

縄文時代のイルカ追い込み漁としては能登半島の真脇遺跡が有名です。歴史時代に入ってからも、地域住民の共同作業として沖縄から東北地方に至る能登半島を含む日本各地で行われ、ときには獲物の群れを探すための見張りを置くことも行われました。その後、経営体はしだいに減少し、水産庁の方針により、一九八二年に全国のイルカ追い込み漁が知事許可漁業になったときに、許可を得たのは伊豆半島の川奈・富戸・安良里、和歌山県太地、それとおそらく沖縄県名護に限られていました。現在は名護では行われていません[17]。

伊豆半島におけるイルカ追い込み漁の記録は一六一九年にさかのぼります[36]。当時は半島の各地で操業されましたが、詳細は不明です。明治末期には二〇ヵ村が一八組の追い込み組を組織して操業していました[26]。明治政府は、これを地域住民（多くは当時の漁業組合）が特定の海面において操業する「共同漁業権漁業」として都道府県知事の管轄下に置きました。伊豆の追い込み漁の対象はしだいにイルカ専業になるとともに、一九二〇年代から動力を備えた探索船を用いるグループも現れて、地先から沖合へと操業海域が拡大しました。さらに太平洋戦争を機に、一度やめていた操業を再開する追い込み組も現れて、漁獲量が増大したようです。大戦中の一九四二年のイルカ類の捕獲頭数として、安良里二万頭、田子と戸田が各四〇〇〇頭、静岡県下の合計が約二万八〇〇〇頭という推定があります[55]。

静岡県は水産庁に先立ち、一九五一年に県下の追い込み漁を知事許可漁業としました。続いて一九五九年にはこれをイルカ追い込み漁と改め、漁期を九～三月、操業海域を静岡県沖と定めて、川奈、富戸、安良里に許可を与えました。これらは魚を目的とする追い込み漁が行われなくなり、操業海域が沖合に拡大したことへの対応と推定されます[17]。

和歌山県太地でも共同漁業権漁業としてイルカの追い込み漁が認められていましたが、その実績は一九五〇年代で途絶え、共同漁業権も一九九三年九月以降更新されず、消滅しました。その後の太地では地元の需要に応じて年間数百頭のスジイルカを突きん棒船と小型捕鯨船が捕獲していました。そのなかの八名の突きん棒漁業者が一九七一年に組織したのが今の追い込み組の始まりです。さらに第二の追い込み組の設立や統合を経て、一九八二年に知事許可漁業になりました。この追い込み組はコビレゴンドウに続いて、一九七三年にはスジイルカに対象を広げ、さらに伊豆方面からの需要にも応じて捕獲を増やし、一九八〇年に一万頭台のスジイルカの捕獲を記録しましたが、その後のスジイルカの捕獲は年間数百頭に規制されました（第4章5節）。

銚子ではスジイルカの突きん棒漁が行われ、一九六〇年ごろまでは年間一五〇〇頭ほどのスジイルカが捕獲されていましたが、その後、捕獲は漸減して一九九六年以後は操業を見ません[17]。この操業がスジイルカ資源に与えた影響は限定的であったと思われます。

伊豆半島のスジイルカ漁

日本のスジイルカの漁獲量は伊豆半島沿岸が第一で、和歌山県がこれに次ぎました。大戦中の一九四二年には伊豆半島沿岸の追い込み漁で二万八〇〇〇頭のイルカが捕獲されたという記録がありますが（前述）、これにはスジイルカ以外の種が含まれます。

伊豆半島沿岸で捕獲されたイルカの種類については、鳥羽山照夫氏の調査があります[49]。これは科学者が確認した種組成として貴重です。彼は当時の伊東水族館に勤務しながら、イルカ類の食性を研究しました。その過程で一九六三年から一九六八年までの六漁期に富戸と川奈における一六五回の追い込み操業で捕獲された六万四〇〇〇余頭のイルカの種組成を確認しました。それによると捕獲の主体は伊豆の漁業者が「まいるか」と呼んでいたスジイルカで、頭数にして九六パーセント強、追い込み回数で八六パーセント強を占めていました。これに続くのがマダライルカ、ハンドウイルカ、マイルカ、コビレゴンドウ、ユメゴンドウの順でした。ハンドウイルカは水族館からの注文に応じて捕獲し、コビレゴンドウは消費市場（おもに静岡県・神奈川県・山梨県）で好まれなかったので捕獲を避けたとされています。なお、マダライルカの初捕獲は相模湾側では一九六三年、駿河湾側の安良里では一九五九年であったとされています。しかし、一七世紀以来の追い込み操業の歴史においてマダライルカの捕獲がそれまでは皆無であったとは断定し難いと思います。

大戦後は一九四九年に水産食品の統制が外されるまでは、漁獲物の多くが闇に流れ、統計から漏れていた疑いがあります[17、191]。ほぼ確からしいイルカの水揚げ統計は、研究者の努力により一九五〇年以降が得られています。水産庁は伊豆半島沿岸の追い込み漁の種別の捕獲統計を一九七二年から集計しており（第5章3節）、その種類組成は鳥羽山氏による数年前の記録と矛盾しません。水産庁の統計に若干の記録漏れがあるのは事実ですが、種名については共通化が図られていると判断されます[17]。

伊豆半島沿岸におけるイルカ追い込み組には、明治以降に廃業や起業があるなかで、操業組数は減少したようです。これは太平洋戦争を機会に操業を再開した漁業協同組合が複数あることからの推定です[17]。太平洋戦争後に経済が落ち着くにつれて、追い込み組は再び減少に向かい、一九五一年には川奈、富戸、安良里の三組が県の許可を得ています（前述）。私が伊豆のイルカ調査に初めて参加したのは一九六〇年秋の川奈でのことで、西脇昌治・大隅清治両氏の手伝いでした。

安良里は定常的な追い込み操業を一九六一年で終了し、以後は水族館の注文に応じて散発的な操業をしてきましたが、それも一九七三年を最後として追い込み漁から完全に撤退しました。残る川奈と富戸は一九六七年から共同操業に入り、一九八四年秋からは川奈が撤退して富戸の単独操業となりました。その富戸も二〇〇四年の操業が最後となり、以後は捕獲がありません。伊豆半島のイルカ追い込み漁は四〇〇年の歴史を閉じたのです（第4章5節）。

2　スジイルカ資源の研究と西脇昌治氏

西脇昌治氏は一九三九年に東京帝国大学農学部水産学科を卒業し、そこの副手として勤務の後、翌年四月に海軍に応召し、ボルネオ島バリックパパンの特別根拠地飛行長として終戦を迎えました。一九四六年夏に復員して旧職に復しましたが、大学の副手は無給ですから、生活のために逗子の海岸で海水を煮て塩をつくり、伊豆方面で食料と交換するという苦しい生活でした。その交易の際に闇景気で沸いていた富戸や川奈のイルカ漁に出合っていたかもしれません。翌一九四七年一一月には生物調査員として捕鯨母船第一日新丸に乗船しました[53]。南極海での五ヵ月あまりの航海のあと（財）鯨類研究所（一九五九年に日本捕鯨協会鯨類研究所と改称）（鯨研）に所員として採用されました。当時の鯨研は捕鯨会社の資金で運用された組織で、クジラの生物学や鯨製品の研究をしていました。

鯨類を漁業資源として管理するには、その成長や繁殖などの知識が重要です。そのため西脇氏は鯨類の年齢査定法の確立に関心をもったようです。ヒゲクジラ類については水晶体の透明度やひげ板の表面の年輪も研究しましたが、マッコウクジラについては歯の象牙質の成長層を数えることを試みました[168、173]。

成長層を数えてそれを年齢に換算するには、成長層の形成率を明らかにする必要がありますが、実験がむずかしいマッコウクジラに代えてスジイルカでそれを試みたのでしょう。彼は東京医科歯科大学の研究者の協力を得て、スジイルカに酢酸鉛を注射して、鉛を象牙質に沈着させて成長層の蓄積率を明らかにすることを目指しました。当時は、ウサギの歯の象牙質の成長層の日輪形成も研究されていましたから、それがヒントになったのかもしれません。

その実験は一九五一年五月に西伊豆の安良里に追い込まれたスジイルカ四頭で行われ、三津水族館で飼育されましたが、生存期間は最長でも二週間と短く、目的は達せられませんでした[169]。スジイルカはその後も長い間、飼育のむずかしい種とされてきましたから、やむをえない結果ではありました。今ではハクジラ類の歯の成長層の研究が進み、種によっては年輪や日輪に加えて、月輪らしいものの形成も知られています[117、165]。

私は西脇氏の講義を受けたのが縁で、卒業研究にマッコウクジラの年齢査定を選び、同氏の指導をいただき、一九六一年の卒業と同時に鯨研に就職して、スジイルカの研究を引き継ぐ結果になりました。

3　意外に緩やかな生活史

遅い性成熟

まずスジイルカの雌の成熟について考えましょう。雌は成熟が近づくと卵巣の表面にグラーフ濾胞が発達し、それが直径一五〜二〇ミリメートルになると破裂して、なかの液体とともに卵が排出されます（第6章3節）。鯨類の雌ではこの段階が性成熟と定義されています。

排出された卵は輸卵管に取り込まれ、受精を経て妊娠に進みます。排卵後の濾胞には黄体組織が形成されて、黄体ホルモンを分泌して妊娠維持に貢献します。妊娠に至らない場合あるいは分娩後には、黄体は退縮して白体となって卵巣中に残ります。卵巣中の白体の数は年齢とともに増加する傾向があることは確かですが、スジイルカにおいてすべての白体が生涯残存するか否かは議論のあるところです。いずれにせよ、卵巣をスライスして白体ないしは黄体を確認すれば、その個体が成熟していたか否かは容易に判別できます。

黄体ないしは白体をひとつだけもつ個体は、初排卵からまもないと判断できます。そのような個体は一九七〇年以前の標本では二六頭確認され、その年齢範囲は七〜一一歳でした。一方、その後に得られた標本を加えて一九八〇年までの標本を見ると、三六三頭がそれに該当し、年齢範囲は四〜一三歳にありました。このようなデータは標本数に影響されますが、性成熟年齢が近年は低下している可能性が疑われました。

そこで、伊豆半島沿岸で捕獲された個体について、生まれ年ごとに三ヵ年ずつまとめて解析して、半数の個体が成熟している年齢を平均成熟年齢としました。その結果、平均成熟年齢は一九五九〜一九六一年生まれの九歳から、一九六八〜七〇年生まれの七・五歳へとしだいに低下したことがわかりました。最低成熟年齢もこの期間に八歳から五歳に低下し、早熟個体が現れ始めたことがわかります。ただし、未成熟個体の上限年齢には大きな変化は認められませんでした[121]。おそらく戦中・戦後の大量捕獲の影響でスジイルカの個体密度が低下し、餌料供給が潤沢になり、若い個体の成長が改善されて早熟な個体が現れ始めたものと解釈されます。

雄の「性成熟」は生理的に繁殖能力を得た状態を指します。このほかに「社会的成熟」という言葉が使われることがあります。これは雌をめぐる雄同士の闘争を勝ち抜いて繁殖に参加する状態を指します。マッコウクジラではこれら二つの段階に一〇年ほどの差がありますが、マイルカ科やネズミイルカ科ではそのような激しい闘争は確認されていません。

スジイルカの雄の性成熟は雌のそれに比べて基準があいまいです。彼らの繁殖能力を評価する手段がないのです。宮崎信之氏はスジイルカの睾丸組織を検鏡して、精子形成が始まる年齢が六〜一四歳であり、そのときの片側睾丸重量は一〇グラム前後であると認めました[160、161]。しかし、微量の精子を形成しているだけでは繁殖能力があるとは判断できません。一方、年齢と睾丸重量との関係を見ると、七歳未満ではほとんどの睾丸が一〇グラム以下で、精子形成は認められませんが、七〜一〇歳時に睾丸重量が一〇グラム前後から七〇グラム前後まで急増することもわかりました。

この睾丸の急成長期の解釈には、東京水産大学の光明義文氏による副睾丸中の精子濃度の研究が参考になります。睾丸で形成された精子は副睾丸に運ばれ、そこで成熟して射精まで蓄えられます。その研究によると睾丸重量一〇グラム前後でも精子形成が行われるが、三〇〜七〇グラム時に副睾丸中の精子濃度が急増すること、睾丸重量五〇グラム以上では精子濃度は上限に達し、それ以上の上昇は認められないことが知られています。残念ながら、この研究では年齢の情報が得られていませんが、二つの研究を合わせて考えると、スジイルカの雄が繁殖能力をもつのは、平均年齢で九歳前後、片側睾丸重量三五〜六〇グラムのころと推定されます[17]。その後も睾丸は成長を続け、一五歳ごろに平均一四〇グラム前後(片側)に達して、増加が止まります。

先に述べた知見は長年にわたって蓄積された研究成果をまとめたものです。これと同様の結論、すなわち雄は雌よりもやや遅熟ではあるが、どちらも平均九歳前後で成熟するという見解は一九七二年には報告されていました[114]。しかし、本種の成熟年齢は四歳であろうという意見もあり[52, 167]、一般の常識となるまでに時間を要したのです。体長が二・五メートルに満たないスジイルカの成熟年齢が、二〇メートルにも達するナガスクジラと同じとは、当時としては信じ難かったようです。

日本近海のマイルカ科の種のなかでマダライルカ、ハンドウイルカ、カマイルカ、セミイルカはスジイルカに似た性成熟年齢を示すことが知られています[18]。

長い寿命

本書では種ごとに知られている最高齢を最大寿命ないしは寿命と呼んでいます。水族館で生まれたイルカを数十年も飼育して最大寿命を確認することは不可能に近いので、多数の漁獲物の年齢を調べて最大寿命を推定することになります。人口動態学の分野ではゼロ歳児の平均余命を寿命と称することがあります。しかし、その算出には年齢ごとの生残率が必要となります。野生イルカの年齢組成には漁獲による死亡率や、出産数の増減などが影響しており（第7章1節）、それから生残率を推定することはむずかしいのです。

陸生哺乳類の寿命は、脳重・体重と関係することが知られています。脳重が大きい種は長寿の傾向があり、体重が大きいとその効果が減殺されるというものです。多数の陸生哺乳類のデータから三者の関係式を得て鯨類の寿命を予測した研究があります[181]。それによれば、日本産のスジイルカの最大寿命五八歳に対して、予測値は五六～六五歳と良好な一致を見せました。ほかの種類の予測値も、ハンドウイルカ（六七～七九歳）、シャチ（七二～八一歳）、マッコウクジラ（六〇歳）などで、死体データとの一致は比較的よさそうです。しかし、イシイルカの予測値（五〇～五五歳）は歯で年齢査定をした最大寿命の三倍ほどであり（第5章2節）、逆にナガスクジラ科の四種の予測値（三六～五〇歳）は耳垢栓の年輪を数えて推定した寿命の半分以下でした。ホッキョククジラの予測値二四～二六歳は生化学的に推定した最大寿命二〇〇年の一割強にすぎません（第1章4節）。

ヒゲクジラ類の寿命が過少予測されるのは栄養貯蔵器官としての厚い脂皮が影響しているかもしれないとの原著者の見方はあたらないでしょう。なぜならば、シロナガスクジラもマッコウクジラも体重に占める脂皮の重量は三〇パーセント前後と大差がないのです。イシイルカの過大予測の原因も定かではありません。鯨類の寿命には陸生哺乳類の一般的なルールでは律しきれないものがあるようです。

繁殖と育児

恵まれた季節に生まれた子どもは順調に成育する確率が高く、それは母親の繁殖成功率に直結するので、自然界では出産の季節が定まってくるはずです。幼い子どもの成育を支配する要因には水温もあるでしょうが、餌の供給量の季節変化は母親の栄養状態ひいては授乳を通じて子どもの成長に影響するだけでなく、母乳から固形食に移行する時期の子どもの成長や生残にも影響するはずです。

海水温や餌動物の来遊などはイルカ類にとって重要な環境要素ですが、その多くは一年周期で変化します。イルカ類やヒゲクジラ類の多くは妊娠期間が一年前後であることの背景には、このような生活環境の年周期があると思われます。スジイルカでは、新生児はおよそ一〇〇センチメートルで生まれます。その妊娠期間は、胎児の体長の季節変化を追跡することによって、約一三ヵ月と推定されています[161]。ただし、ハクジラ類のなかには、このような季節の制約を克服して一五〜一七ヵ月という半端な妊娠期間を達成した種があります。コビレゴンドウ（第6章3節）、ツチクジラ（第7章3節）、シャチ、マッコウクジラなどがそのような少数例に属します[18]。

伊豆半島沿岸の追い込み漁で捕獲されたスジイルカの成熟雌の性状態組成から、平均的な繁殖周期が計算されています。妊娠期間を一三ヵ月として計算すると、平均出産間隔が三六ヵ月となり、内訳は、妊娠のみ一二・三ヵ月、授乳中妊娠〇・七ヵ月、授乳のみ一五・四ヵ月、休止七・八ヵ月です。スジイルカの雌は約一年の妊娠を経て出産した子を一年半授乳し、平均三年に一回繁殖すると解釈されます。

若干の雌は泌乳中に妊娠しているのも事実です。彼女らは子どもを離乳する前に発情して次の妊娠に入ったのでしょうが、そのような雌も次子の出産までには離乳することが、野生のハンドウイルカの継続観察で知られています。

哺乳動物の雌の繁殖力は年齢とともに変化するのが普通ですが、その程度は種によって異なります。そこでスジイルカの雌の平均繁殖周期を年齢別に計算してみたところ、出産間隔も授乳期間も高齢雌ほど長くなる傾向が認められ、年齢とともに繁殖活動の比重が産児から育児に移ると理解されました。しかし、二〇歳時の平均出産間隔に比べて、四〇歳時のそれは二〜三割増とわずかな変化でした。しかも、妊娠個体は五〇歳代でも出現し、高齢のために繁殖を終えた、いわば老齢期の存在はスジイルカでは確認できませんでした[121]。これはコビレゴンドウなどと異なる特徴です（第7章1節）。

伊豆半島沿岸で捕獲されたスジイルカについて、生まれ年ごとに性成熟年齢を比べると、戦中・戦後の大量捕獲期の後に生まれた個体は早熟化の傾向が認められ、その背景には個体密度の低下があると解釈されました（前述）。そこで、出産間隔にも類似の変化があるかと調べたところ、平均出産間隔がしだいに短くなっており、一九五五年の四・〇年から一九七七年の二・八年へと低下した可能性が示唆されました。これは乱獲に対してスジイルカ個体群が反応した可能性を示唆するものですが、データの偶然のばらつきでこのような結果が得られる確率が五〜一〇パーセントと大きいので確実とはいえません[121]。

二つの繁殖期の謎——始まりは加藤秀弘氏らの研究

西脇昌治氏は伊豆半島で捕獲されたスジイルカの調査を一九五〇年ごろから行い、胎児の体長組成に二つの山があることを見いだして、ひとつの個体群が春秋の二回の交尾期をもつと考えました[52]。私を含めて後継の研究者たちはだれもが長い間これを疑いませんでしたが、はたしてそうだろうかという疑問も出てきました[125]。

その発端になったのは、水産庁遠洋水産研究所（遠水研）の加藤秀弘氏らのミンククジラの研究でした[80]。日本近海に来遊するミンククジラには二つの個体群が含まれることが遺伝的に確かめられています。ひとつは黄海方面で越冬し、日本の東西両岸沿いに北上して夏にオホーツク海方面に回遊し、七〜九月にそこで交尾期を迎えます。もうひとつは北太平洋のどこかで越冬し、そこで二〜三月に交尾し、夏をオホーツク海で過ごす個体群です。その結果、日本沿岸で春から秋にかけて捕獲されるミンククジラには、受胎時期が約半年ずれた二つの胎児群が認められます。

これに似た事例は日本近海のスナメリでも知られています。有明海・橘湾に生活する個体群は一一〜一二月におもな交尾期があり、若干の個体は三月にも受胎します。しかし、大村湾、瀬戸内海、伊勢湾などの諸個体群では四月に受胎のピークがあります。このような違いをもたらす環境条件の違いはわかっていません[17]。

西部北太平洋のスジイルカの分布には、空白域で隔てられた三個の濃密域が認められ、それぞれが異なる個体群に属すると考えられています（第3章3節）。そのうちのひとつ、黒潮続流域の個体群は四八万頭ともいわれる大きい資源ですから、伊豆のイルカ漁がこれを利用していたのであれば、後述するような漁業の衰退はなかったと思われます（第4章5節）。スジイルカは沖縄近海では確認がなく、台湾近海でもきわめてまれです[17]。

伊豆半島や和歌山県太地のイルカ漁が利用してきたスジイルカの個体群は黒潮流の西側の沿岸個体群であり、その分布北限は三陸沖、南限は鹿児島県沖であると考えられます。伊豆半島沿岸の追い込み漁で捕獲されたスジイルカの胎児の体長組成は、この沿岸個体群が二つの個体群よりなる可能性を示唆するものですが、それについては、次節でくわしく触れます（第4章4節）。

4　スジイルカの社会構造と生存戦略

イルカはなぜ群れる

イルカの群れには伝染病や寄生虫病が蔓延することがあります。麻疹ウイルスの感染で地中海ではスジイルカの、メキシコ湾岸ではハンドウイルカの大量死が発生しました。生殖障害を起こすといわれるブルセラ菌の感染症も多くの鯨類で知られています[101]。さらに、群れで生活する個体は、見つけた食べものは全員で分けなければならないし、捕食者に発見されやすいという不利益も考えられます。それでも多くのイルカ類は群れで生活しています。そこには不利益にまさる利益があるはずです。それは捕食者の回避、仲間との協力、経験や知識の共有などによる利益ではないでしょうか。

イルカの群れがサメやシャチなどの天敵に襲われた場合に、彼らは分散して逃げるでしょう。捕食者はそのなかの一頭を見定めて攻撃します。そのときに捕食者に迷いが生じたり、目標設定を誤ったりして失敗すれば、攻撃されたイルカたちは幸せです。また、仲間の一頭が捕食されれば、それだけ自分が食われる確率は減ります。これが被食回避です。

逆に、シャチのような捕食者が魚やアザラシの群れを襲う場合には、単独でやるよりも仲間と協力するほうが発見効率は高いし、攻撃に成功する確率も向上するはずです。しかし、その場合に全員が満腹することが望まれます。さもなければ不満が生じて群れの維持はむずかしいでしょう。米国のワシントン州沿岸のシャチの群れには、イルカやアザラシを捕食するタイプと、サケ・マスの群れを襲うタイプが知られています（第7章1節）。その群れサイズは、前者で一〜四頭（平均二頭）、後者で三〜五九頭（平均一二頭）と差があるのは、一回の襲撃で得られる餌の量が影響していると考えられています[192]。食われる側の群れや体の大きさが、食う側の群れサイズに影響します。シャチやサメのような上位捕食者、それに食われるイルカやアザラシなどの中位捕食者、さらにイルカに食われるハダカイワシやイカなどの低位種、それぞれの生存戦略はたがいに影響し合っているのです。将来はそれらの関係を数理的に解釈することがなされるかもしれません。

天敵を警戒するにせよ、餌の群れを探すにせよ、単独よりも群れでいるほうが効率はよいはずです。その場合には自分よりも経験豊かな個体が仲間にいれば儲けものです。能力、経験、得意分野などの異なる個体が連携しつつ行動をともにするならば、群れで生活する利益は著しく向上するでしょう。これが経験や知識を共有する利益です。

群れで生活することの諸利益を述べましたが、ハクジラ類はそれを追求する際に二つの方式のいずれかを選択したようです。それはスジイルカやハンドウイルカなどに代表される離合集散型の社会と、シャチやコビレゴンドウのように数世代の血縁個体が一緒に生活する血縁社会です。離合集散型の社会では、個々の個体の成長段階や繁殖周期にともなう生理要求の変化に応じて群れの相手を変えます。一方、血縁社会は高齢個体がもつ知識や判断能力に依存しつつ数世代の個体が共同生活をする仕組みです。そこでは個々の個体の要求をある程度は抑えても、経験豊かな高齢個体と一緒に生活する利益を優先しているのです。その中心になっている高齢個体は、これまでに知られている限りでは雌ですから、その社会は母系社会と呼ばれています。鯨類では、現段階では父系社会は確認されていませんが、ツチクジラにその可能性が指摘されています（第7章3節）。

群れ構造の解明へ——宮崎信之氏の挑戦

宮崎信之氏は東京大学海洋研究所（海洋研）の西脇教授の指導で、学位研究として伊豆半島沿岸の追い込み漁で捕獲されるスジイルカの群れ構造の解析に一九七〇年から取り組みました。それまでの研究者はイルカが追い込まれてから現場に急行して調査をしていましたので、追い込み当日に取り上げが終わる小さい群れを調査する機会がありませんでした。成長や繁殖の解析はそれですみましたが、群れ構造の研究には小さい群れの調査も必要です。

そこで、宮崎氏は川奈の民家の物置の二階に部屋を借りて滞在し、早朝に出港する探索船に乗り、追い込み前の群れの状態を観察し、追い込まれて解体が始まると、血まみれになって標本採取に取り組みました。ときには東京から応援隊が加わることがありましたが、大部分は一人での調査ですから、調査率が低いのはやむをえません。彼はこのような調査を一九七三年秋まで続けました。ほかの研究者から提供された調査データを含めて一九六三〜一九七三年の四五回の追い込みデータの解析結果が報告されています。[161、164] 以下では、これらの研究成果を中心に紹介します。

群れサイズ

和歌山県太地のコビレゴンドウの追い込み漁では、複数の群れをまとめたとか、単一の群れで発見されたなどの情報が得られていますが、伊豆半島の追い込み漁では、そのような情報は得られていません。このような不確かさはあるのですが、一回の追い込みで捕獲されたイルカの集まりをひとつの「群れ」と呼ぶことが慣例となっています。

漁協に残された記録をもとに、伊豆半島沿岸で五二一回の追い込みで捕獲されたスジイルカの群れサイズを見ると、五〇頭未満が一八パーセント、五〇頭以上で三〇〇頭未満が五一パーセント、三〇〇頭以上が三一パーセントで、一〇〇〇頭以上の群れも四パーセントほど出現しました。

遠水研では鯨類の資源量推定を目的に、西部北太平洋で調査船を走らせて調査を行い、一九八三年から一九九一年の九年間の夏の調査でスジイルカ一八三群を記録しました。[158] そのなかには一〇〇〇頭以上の群れも一群ありましたが、五〇頭未満の群れが三七パーセント、五〇頭以上～三〇〇頭未満が五一パーセント、三〇〇頭以上が一二パーセントでした。追い込み漁のデータと異なり、調査船のデータでは三〇〇頭以上の大群が少なく、五〇頭未満の小群が多いのです。なかでも九頭以下の小群が一四パーセントとやや大きな比率を占めているのが印象的です。

この違いの背景には沿岸と沖合の餌料環境の違いがありそうです。追い込み漁場の相模湾周辺は餌場として優れているので大群が形成されやすいのです。その解釈の根拠のひとつが追い込み開始時刻と群れサイズの関係です。伊豆半島沿岸では追い込み開始時刻は五時から一五時までであり、一時間ごとの群れサイズの記録が得られています[164]。それによると、九時を境にしてその前後で群れサイズが大きく異なるのです。九時までは二〇パーセント前後を占めていた五〇〇頭以上の大群は九時以後には出現せず、代わって一〇〇頭未満の小群の割合が二〇〜二五パーセントから四三パーセントへとほぼ倍増したのです。

相模湾で捕獲されたスジイルカの胃内容物を調べた結果、彼らの餌料はハダカイワシ類が主体で、そのほかにホタルイカモドキ科とヤリイカ科のイカ類に加えて、深海性の小型エビ類も食されていました[3,163]。これらの餌動物は昼間は深海にいて夜間に表層近くに浮上します。スジイルカはそこを狙って夜間に摂餌するのでしょう。そのときに複数の小群が集まって大きな群れが形成されるとしても、そのような群れは、日中に休息や社会行動で過ごす間にもとの群れに戻るとか、生理状態や成長段階に応じてメンバーの組み替えがなされるものと思われます。この解釈を裏づける観察を宮崎信之氏は三回の追い込みについて記録しています。それは、川奈漁港に追い込まれた二〇〇〜六〇〇頭のスジイルカ群が、港内では二〜三個の小群（各三〇〜三〇〇頭）に分かれて行動し、たがいに混ざることがなかったというものです。

伊豆半島沿岸でのスジイルカ追い込み回数の七五パーセントは早朝の五時から九時までの間になされています。この時間帯には前夜の摂餌に際して形成された一時的な集団構造が濃く残っているらしいことが理解されます。そのような雑音が混入するおそれはありますが、スジイルカの群れ行動についていくつかの知見が得られております。次にそれらを紹介します。

子どもたちの共同生活

伊豆半島沿岸の追い込み漁で捕獲されたスジイルカの群れには、ほぼ全員が未成熟個体よりなる例が見られます。そこには満一歳児はきわめて少なく、主として二歳から九歳前後（雌）ないしは一二歳（雄）までの個体で構成されています。この年齢範囲の上限域には少数の成熟個体が見られることがありますが、これらは大人の群れに移る機会を待っている個体でしょう。私たちはこのような群れを子ども群と呼んできました。子ども群のサイズは五〇頭前後から九〇〇頭まで見られました。年齢ごとの性比を見ると、いずれの年齢域でも雄が多いのが通例です。

スジイルカの個体ごとの哺乳期間を知るには胃内容物を調べる必要がありますが、そのような研究はなされていません。しかし、雌の性状態組成をもとに平均授乳期間は約一年半と推定されています（第4章3節）。個体差もあるでしょうから、満一歳で離乳する子どもも少しはあるでしょう。離乳した子どもが親を離れて、子ども同士で集団生活をしているのが子ども群です。

子ども群と対照的なのが大人群です。そこには成熟した雌雄と未成熟個体が含まれますが、二〜一〇歳付近の未成熟個体が少ない傾向があります。これはその年齢の個体が子ども群に移っているためですが、けっして皆無ではないところが注目されます。離乳した子どもは全員が母親の群れを離れて子ども群に移行するとは限らないらしいのです。大人の群れに残る傾向は雄よりも雌に著しいのです。

宮崎信之氏が年齢組成を示した三〇回の追い込み群のうち、私の目で見て子ども群と思われるのが六例、大人群が一七例あり、七例は両方の要素が合わさったような印象を受けました。このような類別は研究者によって異なるかもしれません。

スジイルカでは離乳した子どもたち、とくに男児は母親から離れて子ども同士で共同生活をする傾向があることがわかりました。イシイルカの授乳期間は一年弱ですが（第5章2節）、スジイルカではこれより長いうえに、授乳終了後も次の妊娠までに数ヵ月の休止期間があるため、平均出産間隔は三年程度と間遠です（第4章3節）。長期の育児は繁殖成功率の向上にはつながりますが、親の出産数低下を招くのみならず、摂餌に際して親と争う不都合も生じます。子ども群の形成は親子競争の不利益を避けつつ、かつなにがしかの団体生活の利益を得ようとする選択と思われます。

交尾集団

日本沿岸で捕獲されるスジイルカの胎児の体長組成には年二回の繁殖期が認められ、その解釈に議論があることはすでに紹介しました（第4章3節）。スジイルカの妊娠期間は約一三ヵ月で、妊娠初期の緩やかな成長の後、胎児は月に九センチメートルほど成長し、約一〇〇センチメートルで生まれます。子どもは満一歳時に平均一六四センチメートル、二歳時に一七五センチメートルほどになります。[161]

これらの情報を念頭に、伊豆半島の相模湾沿岸で一〇月から一二月に捕獲された大人群のなかの妊娠雌を見ると、その胎児の体長組成は群れごとに特徴があります。これは、発情・交尾が契機となって雌雄が集まる可能性を示唆しています。

群れごとの胎児の体長組成を見ると、漁期始めの一〇月に捕獲された群れでは、胎児の多くは体長三〇センチメートル以下で、一五センチメートル付近に山がありました。これらの胎児は同年の四〜八月

（盛期は六月ごろ）に受胎したもので、翌年の七月ごろに出産すると予想されます。一方、漁期末の一二月に捕獲された群れには出産間際の大型胎児が多く、体長八〇～九〇センチメートル付近に山がありました。これは前年の一〇月～翌年の三月ごろ（盛期は一月ごろ）に受胎したもので、漁獲されなければ翌年の二月ごろに出産する見込みの胎児です。一一月の漁獲物には両タイプの群れがほぼ等しく出現しました。

日本沿岸に複数個体群か

前項で紹介した繁殖期のデータには二つの解釈が可能です。そのひとつは、単一の個体群が半年の間隔をおいて二つの交尾期をもつとする、古くからある解釈です。もうひとつは、交尾期を異にする二つの個体群があると見る解釈で、第4章3節で述べた沿岸個体群と称するものが、じつは二つの個体群を含むという解釈になります。

伊豆半島沿岸と和歌山県太地のイルカ漁の漁獲物の個体群構成に関しては、筋肉中の水銀汚染の濃度解析からも情報が得られています[197]。宮崎信之氏が年齢を査定し、それを筋肉中の総水銀の濃度と比較して、追い込み漁で捕獲された三群について解析したところ、若齢期には年齢にともない汚染濃度が上昇しますが、二五歳以上では蓄積と排出が釣り合って平衡に達することがわかりました。和歌山県太地で一二月（一九七九年と一九八〇年）に捕獲された二群のうち、一群は平衡値が二五～三〇ｐｐｍの高濃度を、他方はその半分の一五ｐｐｍ前後の低汚染を示しました。一方、伊豆半島の川奈で一九七七年一〇月に捕獲された一群は太地の高濃度汚染と同様のレベルでした。対象群を増やせば、伊豆半島沿岸でも太地沖と同様の低汚染の群れも出現する可能性があります。

先の水銀汚染のデータは、太地沖と伊豆半島東岸のスジイルカ漁では二つの個体群が対象となっていることを強く示唆しています[17]。しかし、それらがどこからきたかはわかりません。低汚染の群れが黒潮続流域の沖合個体群からの迷入ではないという証拠もないのです。

黒潮流と日本の太平洋岸にはさまれた沿岸水域のスジイルカのなかの個体群構造については不明の部分が多いのですが、「南北にすみわける二つの個体群よりなり、季節にしたがって南北に移動している」という次に述べる仮説も、将来の検討のために残しておく価値があるように思います[17]。

日本の太平洋沿岸のスジイルカに予測される個体群のひとつが、六月をピークとして四〜八月に交尾期をもち、翌年の七月ごろに出産のピークをもつ南個体群です。その夏の分布の北限は銚子沖にあり、南下回遊時の一〇月ごろに相模湾口を通過し、妊娠初期の雌が捕獲されます。冬には紀伊半島沖を経て奄美諸島沖まで南下するかもしれませんが、越冬地は未確認です。ちなみにスジイルカは沖縄近海には出現しません（第4章3節）。また、和歌山県太地沖では一月まではスジイルカの発見がありますが、二月以降は見られなくなり、ほかの暖海性イルカ類の群れとともに若干のカマイルカの群れが出現します。これは毎年一〇月から三月ごろまで操業された太地の追い込み漁の操業記録によるものです[198]。

伊豆半島沖で一〇〜一一月に捕獲される南個体群の特徴のひとつは、一五歳以上の完全成熟雄の平均睾丸重量が片側一四〇グラム前後と重いことです[160]。これは交尾期が続いているか、その直後にあることを考えれば当然でしょう。

日本の太平洋沿岸のスジイルカの北個体群と想定されるのは、一月をピークとして一〇〜三月に交尾期をもち、二月ごろに出産のピークをもつ個体群です。その夏の分布は銚子沖から岩手県沖に至る海域と想定されます。越冬海域は不明ですが、駿河湾以南と思われます。その越冬地のどこかで発情して交尾群を形成するのでしょう。妊娠雌は餌料の豊富な夏の三陸沖で体力を養います。約一年後の秋に臨月が近づいた雌が南下時に相模湾周辺を通過するのが一一月以降です。

相模湾口を一一〜一二月に南下する北個体群には出産の迫った妊娠雌が多いのですが、一緒に捕獲される成熟雄の平均睾丸重量は片側五〇グラム以下で、当然ながら性的に不活発な状態にあります。沿岸に二個体群を想定するこの仮説の弱点のひとつは、和歌山県太地で捕獲されたスジイルカの胎児の体長組成が調べられていないことです。想定される北個体群が太地沖に出現するか否かが明らかでないのです。第二の弱点をあげるとすれば、日本の太平洋沿岸のスジイルカについては冬の分布がほとんどわかっていないことです。これまでの調査航海が夏に偏ってきたことのマイナス面です。将来は、胎児の体長組成に配慮しつつ群れごとの遺伝的な違いを明らかにすることが、沿岸個体群の存否の解明に有効と思われます。

5 失敗したスジイルカの資源管理

私の経験

私が伊豆半島沿岸の追い込み漁で捕獲されるスジイルカの調査に初めて参加したのは一九六〇年でし

た（第4章1節）。それから一九七〇年ごろまでの一〇年ほど漁獲の動向を注目しているうちに、漁況悪化の傾向が感じられました。漁業者も同意見でした。そこで、漁獲物から推定した死亡率や繁殖率を用いて資源の動向を計算してみました。その結果、かつて三〇万〜四〇万頭あった資源は一九七四年時点では半分弱に減少したこと、さらなる資源減少を止めるには捕獲を半減して年間五〇〇〇頭程度に抑える必要があるという結論を得ました。私はそれをノルウェーのベルゲンで一九七六年に開かれた国連食糧農業機関（FAO）の会議に提出するとともに、イルカ漁を担当していた水産庁遠洋課の捕鯨班長に報告しました[116、135]。今から見れば、その解析手法は幼稚なもので、結論は信頼性に乏しいものでしたが、捕鯨班長の反応は別の意味で印象深いものでした。それは「スジイルカがいなくなれば伊豆の漁師はなにか別のものを獲りますから心配はいりません」という言葉でした。生意気な大学助手が軽くあしらわれたのかもしれませんが、そこには人類の共有財を管理するという発想は感じられませんでした。

伊豆のイルカ漁には操業組織の増減があり、探索船の性能も年ごとに向上して操業海域が沖合に広がる傾向がありました。そのため漁業動向の解釈がむずかしくなります。しかし、一九六二年から一九八四年までの二三年間は川奈と富戸の二組の操業でしたから、捕獲頭数の動向、とくにその低下傾向には意味があると思われます。水産庁統計によれば一九七五年に一万頭前後の大きな単年度捕獲を記録しましたが、これはまれに起こる海況変動の影響と思われます。それを除けば、スジイルカの捕獲頭数は一九六〇年代の初めに一万〜二万頭を記録したあと、全体としては漸減傾向を示しました。年間捕獲は一九七六〜一九八〇年には一三〇〇〜五二〇〇頭となり、一九八一年以降は一〇〇〇頭を割り、一九九一年の三二頭が最後となりました[17]。

このようなスジイルカ漁の低迷にともない、体が小さく肉質が悪いとして好まれないマダライルカの捕獲が増加し、一九七八年にはスジイルカを超えましたが、この漁も一九八三年でほぼ終わりました[17]。このような変化にともなってスジイルカには性成熟年齢の低下や繁殖間隔の短縮が起こりました（第4章3節）。静岡・神奈川・山梨諸県の消費者は一九七〇年代以後、三陸・北海道方面からはイシイルカの供給を（第5章3節）、和歌山県の太地からはスジイルカの供給を受けて需要は健在でした（第4章1節）。当時は、心臓は刺身に、肉と脂皮はゴボウなどとみそ煮にして食されました。

IWCと日本政府

現在の国際捕鯨取締条約は一九四六年一二月に調印されたもので、各加盟国政府が一名の委員を任命して国際捕鯨委員会（IWC）を組織し、捕鯨業の規制を行います。IWCの下部組織のひとつに科学委員会があり、そのなかに小型鯨類分科会が常設分科会として一九七四年に設立されました。これらの組織は日本のスジイルカ漁に関してしばしば懸念を表明してきました。

スジイルカの捕獲頭数は年変動が大きいため、低下傾向はなかなか統計的に有意とならなかったのですが、科学委員会は捕獲頭数の減少傾向が統計的に有意であることを一九八二年に初めて認めたうえで、海洋環境の変動や他漁業がおよぼす影響を排除して、イルカ漁業がスジイルカ資源に与えた影響を評価することを日本に求めました。これはスジイルカの漁獲量の低下の背後にはさまざまな要因がありそうだから、雑音を排除して純粋に漁業の影響を評価せよということですが、影響要因のなかには黒潮の長周期変動もあり（第3章1節）、その解析は容易ではありません。科学委員会の勧告に対してわれわれは有効な対応ができなかったのは事実ですが、かりになされたならば資源減少がさらに明瞭になった可能性があります。

その後、一九九一年に科学委員会はさらなる資源調査と強制力のある種別・個体群別の捕獲枠の設定を求めました[11]。黒潮続流域の大きな資源は日本のイルカ漁の対象ではなく（第4章3節）、日本の漁業が利用してきた沿岸個体群は乱獲により悪化したと私は見ており、多くの出席者も同意見でした[124]。しかし、この科学委員会に出席していた日本の行政官の一人は「なんらかの理由で沿岸のスジイルカが沖合に移動したのであろう」と述べて、その考えに反対しました[126]。根拠を示さずに楽観的な仮説を提案し、それが否定されるまで規制を遅らせる戦術が当時は行われたのです。

翌一九九二年六月の科学委員会は、①日本政府が設定している捕獲枠には根拠がなく、②資源は現在の捕獲に耐えられないので資源診断が緊急を要すること、③それがなされるまでは暫定的に捕獲を停止すること、を若干の日本側出席者の反対を押して勧告しました[112]。その一週間後に開かれたＩＷＣの会議では、日本政府は科学委員会の見解を尊重しスジイルカ資源の回復に向けて行動するようにとの決議が採択されました。翌年も同様の勧告や決議がなされました。

このような経過を経て、日本政府は一九九三年からすべてのイルカ漁に対して漁業種別・イルカ種別の捕獲枠を設定しました。そのときのスジイルカの捕獲枠は全国合計七〇〇頭でした。その後、捕獲枠は漸減して二〇二〇年には和歌山県にのみ、追い込み漁に四五〇頭、突きん棒漁に七一頭の枠が与えられています。これらの捕獲枠算出の科学的根拠は明らかではありません[17,128]。

イルカ漁に関するこれまでの日本政府の基本的な立場は次のように要約されます。すなわち、「国際捕鯨取締条約が管理の対象と定めているのは whale（鯨）であり、そこにはイルカは含まれない。そのために科学委員会がイルカ漁の捕獲枠を提案する権限を認めない。ただし、イルカ類の生物学を議論することには反対しない」というものでした。日本は二〇一九年六月末日をもって国際捕鯨取締条約から脱退して現在に至りました。条約脱退にともない、従来の調査捕鯨は停止され、商業捕鯨が北太平洋で再開されました。

第5章　イシイルカ——寒流系の代表種

1　二つの主要体色型といくつかの個体群

生活史研究の始まり

私が三陸沿岸で漁獲されるイシイルカの調査を始めたのは一九七二年一月で、イシイルカの生活史は未知の分野で期待がありました。伊豆半島沖で獲れるスジイルカの生活史の研究が一段落し、その先に期待される社会構造の研究は大学院生の宮崎信之氏のテーマとなりました。それに備えて、一九六九年秋には富戸漁港で氏と一緒に調査をして調査要領の伝達もすませました。

岩手県の水産試験場と連絡をとりつつ、大槌や田野浜の旅館に泊まりながら、突きん棒漁船が港に揚げるイシイルカから年齢査定用の歯や、性状態判定のための生殖腺を採集しました。当時のイシイルカ漁はおもに岩手県漁業者による冬の閑漁期の副業でしたが、この漁業は鯨肉の需給の変化に影響されて、後に大きな変動を経験することになります。突きん棒漁船は一〇トン前後の船に三～四名が乗り込んで朝未明に出港し、終日洋上を走り回って、四～五頭の獲物を得て夕方に入港して市場に水揚げします。浜値は一頭あたり一万円前後でした。私は防寒着を着て漁港の風陰で漁船の入港を待って調査をします。翌朝は早朝に現場に行き、仲買人が競り落としたイルカをトラックに積み込む前に、前日の調査漏れの個体を調べます。岸壁調査の難点は内臓が洋上で投棄されて、生殖腺がしばしば失われることでしたが、漁業者と知り合いになると、漁船に乗せていただく機会もできました。しかし、私は船酔いで飲食ができず、船上ではイルカの体長を測って標本をとるのが精いっぱいで、洋上におけるイシイルカの生態観察には手が回りませんでした。操業の合間には、各地の漁協の魚市場を訪れて水揚げ記録を筆写して統計を集めました。

三陸方面での私のイシイルカの調査は一九七六年でほぼ終えました。その後は、東京大学大槌臨海研究センターや日本鯨類研究所（日鯨研）の研究者が漁獲物の調査を続けて、漁獲物組成や漁業の動向を追跡してきました。

体色型――アンドリュース氏の着目とその後

三陸方面でカミヨとも呼ばれ、われわれがイシイルカと呼んでいるイルカはネズミイルカ科に属する北太平洋の固有種で寒冷水域を好みます。ネズミイルカと異なり、外洋に生息し、大陸棚域にはほとんど出現しません（第3章3節）。

これが学会に紹介されたのは一八八五年のことで、アリューシャン列島のアダック島付近で捕獲されたイシイルカ型の個体にもとづいて *Phocoenoides dalli* と学名がつけられました。その後、宮城県鮎川を訪れたニューヨークの米国自然史博物館のアンドリュース氏が、今日のリクゼンイルカ型の標本を得て、体側の白色斑の違いに注目し、別種として一九一一年に発表しましたが、今では次に述べる理由から、イシイルカ型と同一種として扱われています[22]。

イシイルカは体側の白斑の違いで三個のタイプに大別されます。ひとつは体側の白斑が大きく、肛門付近から前方に伸びて胸鰭の付け根の近くに達している型です。冬に三陸沖で漁獲されるカミヨの約九五パーセントがこのタイプで、われわれはこれをリクゼンイルカ型と呼んでいます。残る五パーセント前後の個体では白斑が半分ほどの大きさで、肛門付近から前方に伸びて、背鰭のレベルで止まっています。われわれはこれをイシイルカ型と呼んでいますが、漁業者はこれをハンクロと呼ぶことがあります。第三の型は体側に白斑がなくて全身が黒色のタイプです。この黒色型は北太平洋の各地で記録されていますが、出現はきわめてまれです[118]。

ここで留意すべき事項が二つあります。ひとつはイシイルカ型の個体でも出産間近の胎児や出産直後の新生児では前胸部の体側、すなわちリクゼンイルカ型では白色でイシイルカ型では黒色であるべき部分の黒色の色合いがやや薄いのです。その部分は生後まもなく黒くなるようです。これを見てイシイルカ型の雌がリクゼンイルカ型の胎児を妊娠していたと解釈するのは誤解です。第二の留意点は、リクゼンイルカ型の体側白斑には変異が多いことです。完全に純白で斑点がない個体、さまざまな密度の黒点をもつ個体、体側の白斑域が一様に薄黒い個体までさまざまに出現するのです。ただし、このような細部を遊泳中の個体で観察するのは困難で、船上では一様にリクゼンイルカ型と記録されます。これに関して注目されるのは、逆の斑紋、すなわちイシイルカ型では黒色を呈する前胸部に白い斑点をもつ個体は出現しないことです。体色斑の発現機構や遺伝様式は未解明です。

日本海にはイシイルカ型が分布しますが、彼らの体側の白斑は太平洋沖合の個体に比べてわずかに前後長が短いことを東京大学の天野雅男氏らが見いだしています[72]。三陸沖合で越冬する少数派のイシイルカ型はどこからくるのでしょうか。これについては体側の白斑の大きさから、日本海起源と北太平洋沖合起源との両方の個体が混ざっているとされています[71]。ただし、オホーツク海の北東域で夏に繁殖するイシイルカ型がありますが（後述）、これについては白斑の計測データがなく、三陸沖への来遊の有無は不明です。

これまでのDNAの解析により、イシイルカの個体群構造は、リクゼンイルカ型の一個体群に加えて、イシイルカ型の複数個体群よりなることが知られています（後述）。しかし、イシイルカ型の個体群相互の間の違いに比べて、リクゼンイルカ型とイシイルカ型の間の違いが大きいわけでもないのです。また、イシイルカ型とリクゼンイルカ型を個体レベルで判別するDNAの特徴は見つかっておりません。分類学者のなかにはイシイルカ型とリクゼンイルカ型を別亜種とする意見もありますが、そのためには両型の間の違いをさらに解明する必要があると思います。

先に述べたイシイルカの三タイプには、体色斑以外には外形に違いがありません。そのため水揚げ地で両型を区別して計数するのは、研究者にとっても神経を使う作業です。公式の統計においてもその信頼性についいては警戒が必要です。

リクゼンイルカ型の回遊――宮下富夫氏の貢献

日本沿岸におけるイシイルカの分布や回遊に関してわれわれが得ている情報の多くは、水産庁の遠洋水産研究所（遠水研）の宮下富夫氏の努力によって得られたものです。

私がイシイルカの漁獲物の調査を始めた一九七〇年代初めのイシイルカ漁は、一一月に操業が始まり、二～三月に操業船数がピークを迎え、六月ごろまで続きました。一日一隻あたりの平均捕獲頭数は、イルカの密度や天候にも左右されますが、一月の三頭前後からしだいに上昇して四月に六頭前後のピークに達したあと低下して、六月まで捕獲がありました[119]。リクゼンイルカ型の個体は少なくとも一一月から六月ごろまでは三陸沖に滞在するのです。冬季の分布南限は房総半島沖の北緯三五度付近の海域と確認されています。

その後、分布調査のための目視調査航海が繰り返されました[159]。それによると、五月にはリクゼンイルカ型が茨城県沖（北緯三六度）から根室沖（北緯四三度）の表面水温四～一八度の水域に出現し、密集域は沿岸から沖合三〇〇キロメートルまで広がっていました。その南東域には表面水温一八度以上の温水塊があるので、リクゼンイルカ型はこの温水塊に押されて岸近くに寄りつつ、季節とともに北に移動すると理解されました。七月には宮城県沖（北緯三八度）から根室沖（北緯四三度）の狭い沿岸水域に分布が限られ、八～九月にはリクゼンイルカ型は本州・北海道の太平洋岸からほぼ完全に姿を消します。

日本の太平洋沿岸で冬を越したリクゼンイルカ型のイシイルカはどこで夏を越すのでしょうか。その解明にはオホーツク海やアリューシャン列島東方の太平洋域の調査が不可欠です。どちらも大部分がロシアの二〇〇カイリ水域に属し、入域許可が必要です。そこで宮下氏は一九八九、一九九〇両年にロシアの科学者との共同調査を行いました。季節は出産・育児期と予測される八〜九月としました[157]。

その結果、この季節のリクゼンイルカ型の分布はカラフトの北方のオホーツク海北西域から南東に伸び、さらに中・南部千島列島を抜けて南千島東方から北海道東方の沖合にまで広がっていることがわかりました。もうひとつ興味ある発見は、先に述べた北西オホーツク海から南東オホーツク海に伸びる帯状のリクゼンイルカ型の卓越海域の南北には、それぞれにイシイルカ型の卓越海域が認められたことです。南側の卓越海域には次項で述べる日本海系のイシイルカの分布が知られていますが、北側には未知の個体群が分布すると考えられます。

盛夏が過ぎて九月下旬から一〇月になると、リクゼンイルカ型は三陸・北海道沖合に再び姿を見せ、表面水温一八度をほぼ南限として、しだいに南下します。この際には沿岸から一〇〇〜二〇〇キロメートル以内には分布が薄い傾向が認められます。秋の南下時には春の北上コースを逆にたどることをせず、南千島を抜けてから沖合を南下し、そのあとで接岸するものと思われます。沿岸に勢力を残している津軽海流を避けているのかもしれません。

日本海系イシイルカの回遊

日本海に生息するイシイルカはすべてイシイルカ型です。冬季の分布南限は島根県江津沖の北緯三五度付近で、そこの表面水温は一一度台でした。彼らは東シナ海には出現しません[159]。

北上期の日本海系イシイルカの分布を見ましょう。大戦中の兵庫県城崎沖では三月から五月上旬まで突きん棒漁で多数のイシイルカが捕獲され、その後はカマイルカに捕獲が移りました（第3章3節）。最近の調査航海の結果を見ると、イシイルカの南限は六月初めには秋田沖（北緯四〇度）にあり、七月初めに北海道西岸（北緯四三度）に移り、盛夏にはイシイルカは日本海東部からはほとんど姿を消します。秋の一〇月には津軽海峡西方（北緯四一度）に姿を現します。

オホーツク海南部の北海道沿岸におけるイシイルカの分布を見ると、五月にはまだきわめてわずかでした。七月になると宗谷海峡の西側に若干のイシイルカ型が分布し、それが海峡を経て北海道のオホーツク海沿岸の濃密域に続いていました。さらに、この濃密域は東に伸びて知床・根室海峡を経て太平洋側の厚岸沖にまで続いていたのです。体側の白斑がやや小さいことから（前述）、オホーツク海沿岸のイシイルカ型は日本海系であることが知られています[71]。宗谷海峡が彼らの回遊路のひとつになっていることは疑いないでしょう。

津軽海峡も日本海系のイシイルカの回遊路として知られています。初夏の五月から七月には、津軽海峡から根室方面にかけての北海道の南岸域にイシイルカ型が出現します。また、南下期の一〇月にも根室半島南岸から襟裳岬沖にかけての沿岸域にイシイルカ型の濃密域が見られます（沖合にはリクゼンイルカ型が分布することは先に述べました）。これらの個体については体側の白斑のサイズは不明ですが、愛媛大学の研究によれば有機塩素系の汚染の特徴が太平洋系ではなく日本海系のイシイルカ型のそれに一致しており、日本海系のイシイルカ型と判断されます。一九八〇年代初めの中国ではＰＣＢやＤＤＴの放出が続いており、対馬海流の汚染度が高かったのです[185]。

日本海で越冬するイシイルカ型はオホーツク海南部で夏を越しますが、その回遊路は宗谷海峡経由と津軽海峡・道南沿岸・根室海峡経由の二つがあるのです。

太平洋域のイシイルカ型個体群——繁殖海域を異にする

夏のオホーツク海には北東域から南西域にかけて三個のイシイルカ集団が知られました（前述）。冬にはオホーツク海はほとんど氷に閉ざされますので、彼らはオホーツク海を出るものと思われますが、オホーツク海北東域で夏を過ごすイシイルカ型がどこで越冬するのか今のところ確認されていません。

イシイルカの繁殖期は個体群によって多少異なる可能性が指摘されていますが（後述）、初夏から夏に出産期があると見てほぼまちがいないでしょう。オホーツク海のイシイルカについて、宮下氏が得た重要な知見のひとつに育児海域の特定があります[17、157]。それによると、オホーツク海中央部のリクゼンイルカ型海域にはリクゼンイルカ型の母子連れが出現し、それをはさむ南北の海域にはイシイルカ型の母子連れの出現が確認されたのです。本種の雌の多くは出産から一～二ヵ月後、育児中に発情して次の妊娠に入ります（後述）。このため母子連れの出現海域は「育児海域」とも、あるいはやや広い意味で「繁殖海域」とも呼ぶことができます。

先に述べたオホーツク海の三個の育児海域に加えて、カムチャツカ半島南方の太平洋にもイシイルカ型の育児海域が認められました。これら四個の育児海域はそれぞれが異なる個体群を代表することは、体色の違いと分布パターンとから判断され、ＤＮＡの解析でも支持されています[105]。ただし、オホーツク海北東域のイシイルカ型についてはＤＮＡ情報が得られていません。

イシイルカ型の個体は北部北太平洋に広く分布し、これまでにベーリング海と太平洋域に合計五個の繁殖海域が知られています。それらはベーリング海中央域、カムチャツカ半島南方域、西部アリューシャン列島南方域、アラスカ湾央域、バンクーバー島域です[69]。

オホーツク海においては、繁殖海域と体色型の分布パターンから、それぞれの繁殖海域がひとつのイシイルカ個体群を代表すると解釈されました。それがもとになって、北太平洋各地の繁殖海域もそれぞれが別個の個体群を代表すると考えられています。このようにして個体群と繁殖海域の対比はなされましたが、それらの個体群の構成員の分布範囲がどこまで広がり、隣接する個体群との生活圏の重なりがどのようなものかは未解明です。

さらに、北太平洋とベーリング海の個体群構造については、まだ完全には決着がついていないと私は見ています。国際捕鯨委員会（ＩＷＣ）の科学委員会は、主としてＤＮＡの解析にもとづいて、そこに八個の個体群があると結論していますが[113]、それと繁殖海域との対比は依然として不完全です。たとえば、ＤＮＡの解析ではベーリング海の東西に一個ずつの個体群が想定されていますが、それらと中央域に確認されている繁殖海域との関係は不明です[17]。

将来は、それぞれの繁殖海域においてＤＮＡ試料を入手して遺伝的な違いを明らかにすることが望まれます。船に対する警戒心が強い母子連れからＤＮＡ標本を得るためには、ドローンなどで呼気を採取するような技術が有効かもしれません。

交雑回避の仕組み

先に得られた情報から次のような疑問が生まれるのは自然です。「夏のオホーツク海では三個のイシイルカ個体群が南北に接した海域で育児しており、その形態的な違いを見れば相互にある程度の生殖隔離があることは確かである。その隔離の仕組みはなにか」という疑問です。

動物の雌雄が繁殖に成功するには、①雌雄が接近する機会、②相手を繁殖相手と認識して交尾を完遂する能力、③正常個体を生産する遺伝的適合性、などが必要です。鯨類ではまれに種間雑種が報告されていますが、その混血個体の繁殖能力は明らかではありません。

イシイルカの個体群間の遺伝的な違いは種間の違いに比べてはるかに小さいので、混血回避の仕組みとしては、③の遺伝的不適合には多くを期待できません。②の行動的な障害については今後の研究課題です。イシイルカにおいて、幾分なりとも個体群間の交雑を妨げる機能を果たしていると今いえるのは、①の雌雄が接近する機会の制約にあると思われます。そこに関係するのは回遊路と繁殖期の違いです[17]。

イシイルカの妊娠期間は一〇・五ヵ月と推定されております（第5章2節）。日本海系のイシイルカ型では五月から六月の北上期に北海道西岸から北岸にかけての海域で出産が行われることが観察され、交尾活動は六月末から八月上旬に、宗谷海峡からオホーツク海南部で行われることが排卵直後の雌の出現から推定されています。リクゼンイルカ型の出産はこれより遅れて八月中ごろに盛期がありますから[118]、その受胎の盛期は一〇月初めの南下回遊の始まるころであり、その海域は南千島〜道東沖合かと思われます。リクゼンイルカ型の繁殖期は胎児の成長曲線を外挿して求めており、精度に問題がありますが、その出産と交尾の時期は日本海系イシイルカ型のそれよりも遅れ、交尾海域も異なることは確からしいのです。

なお、西部アリューシャン列島南方のイシイルカ型の出産期は六〜七月で、交尾期は七月末から一〇月初めまでとされています（第5章2節）。ほかのイシイルカ型個体群についてもこのような情報が待たれます。

2　疾風の生涯――ネズミイルカ科の通例

混獲問題と生活史研究――水江一弘氏の着目

航走中の船がイルカの群れに近づくと、イルカはしばしば船に寄ってきて船首波に戯れます。それを狙って突き獲るのがイルカの突きん棒漁です。私はこの漁法で捕獲されるイシイルカから試料を得て、彼らの生活史を知ることを試みましたが、失敗に終わりました。イシイルカに限られる特性ではありませんが、船首波にひかれるイルカには未成熟個体が多く、成熟個体のなかでも子連れの雌イルカは逆に漁船を避ける傾向が強いのです。その結果、漁獲物の年齢や繁殖状態の組成に著しい偏りが生じ、成長や繁殖の解析材料としては問題が多かったのです[118]。

このような状況のなかで、イシイルカの生活史研究に大きく貢献したのが、サケ・マス流し網漁で混獲された個体の解析でした。このサケ・マス流し網漁には母船式と基地式があります。母船式流し網は一九二九年に企業化され、基地式流し網は一九三一年ごろから敗戦まで千島で続けられました。敗戦後の中断を経て、いずれも一九五二年の講和条約発効により再開されました。戦後の操業は日米加の「北太平洋の公海漁業に関する国際条約」にもとづいて、ベーリング海中央部の公海域と東経域の北太平洋の公海（米国の二〇〇カイリ水域を含む）でなされてきました[34, 35]。

長崎大学の水江一弘氏らはその母船に水産庁監督官として乗船して混獲されたイシイルカを調査し、当時の日本の母船式サケ・マス流し網漁の一一船団は年間合計二万頭以上のイシイルカを混獲していることを一九六〇年代に指摘しています[63, 64]。サケ・マス流し網漁の歴史を見れば、このような混獲は一九三〇年代から続いていたと見るべきでしょう。一九七七年に米国は自国の海生哺乳類保護法の適用範囲を従来の領海内から二〇〇カイリ水域に拡大しました。その結果、米政府は日本の流し網漁船の操業を従来どおり認めるためには、イシイルカなどの海生哺乳類の混獲が許容範囲にあることを示す必要に迫られました。それに対処するために、米国は一九七八年から自国の科学者を日本のサケ・マス流し網漁の母船に派遣して調査を進めてきました[39]。

当初、水産庁はこの調査研究を米国に任せておく方針のようでしたが、米国側の働きかけもあり、日本の科学者を生態調査や混獲回避の研究に参画させる方針に変わりました。私は一九七九年ごろに米国側からこれに関して接触を受け、その後、一九八〇年ごろに水産庁から誘いがありました。そのような経緯を経て、私は一九八二年の第一回国際共同調査航海に参加し、イシイルカの行動や育児海域に関する情報を得ました[69, 137]。

流し網漁による混獲の影響を評価するには、イシイルカの個体群ごとの生息数や生活史の情報に加えて、昔にさかのぼる混獲情報が必要になるはずです。当時の研究レベルや操業環境では、それらを必要な精度で入手することは不可能に近く、海生哺乳類の混獲が許容範囲であることを証明するのは困難と思われました。しかし、イシイルカの生物学に貢献するなら調査に努めるのもよしと私は考えていました。けっきょくのところ、混獲問題の解決には至らず、一九八九年の国連総会において大規模公海流し網漁の停止が決議され、日本はこれを受け入れてサケ・マス流し網漁を一九九二年から停止し、課題が消滅しました。

子どもたちは繁殖海域の南に

先に述べた経緯を経て、最初の国際的な調査航海が一九八二年に行われました。季節は流し網漁期後で、交尾期でもある八～九月に設定されました。しかし、研究用にイシイルカを捕獲する計画が米国内で問題となり、米国の科学者は直前に参加をとりやめました。乗船科学者は私、環境汚染担当の藤瀬良弘氏（愛媛大学）、それにカナダの大学生トムソン氏で、ほかに大型鯨種判別と突きん棒漁の経験者の各一名が乗船しました。対象海域は東経海域のアリューシャン列島南側の日本の流し網漁船が操業する海域としました。一九八三年にも同様の航海が行われ、前年の知見が再確認されました。一九八四年以降は他海域に調査が拡大されました。以下では最初の二航海で得られた知見を紹介します[130, 139]。

この西部アリューシャン列島南方海域においては、アリューシャン列島（北緯五二～五三度）から南は北緯四一度付近までイシイルカの分布が連続していましたが、北緯四五度付近を境として、南北でイシイルカの行動に著しい違いが見られました。北側は後に繁殖海域と呼ばれることになる海域のひとつです。

先の第一回航海で遭遇したイシイルカの群れサイズは、北側の繁殖海域では一～一四頭の範囲にあり、最頻値が二頭（二九・八パーセント）、平均値が三・五頭でした。これらの値は南側海域でも同様で、両海域間に差は認められませんでした。イシイルカは基本的に大きな群れをなさないのです。この点ではネズミイルカ科の他種とも共通するようです。

おおよそ北緯四五度付近を境として南側の海域では多くのイシイルカが船首波に戯れ、突きん棒で捕獲されました。その総数は初回と二回目の航海を合わせて、雌四九頭、雄一一八頭で雄は雌の二倍ほどの数でした。[139] この南側海域にはどのような個体がすみわけているのか、雌雄別に眺めてみましょう。

年齢が判定された雌四七頭の解析から、夏に南側海域にすみわけている雌は、主として親離れ後の未成熟個体と初排卵からまもない妊娠経験のない個体とわかりました。前年に妊娠して今年出産した雌は、新生児をともなって北側の繁殖海域にいるものと思われます。同じく南側海域で捕獲されて年齢が判定された雄一〇九頭の組成を見ると、それらは親離れ後で性成熟前の個体が主体をなしていました。

この南側海域にはゼロ歳児と一歳児はほとんど出現しません。出産経験のない若い成熟雌が若干含まれていましたが、主体をなすのは二歳以上で未成熟の雌雄でした。確証はありませんが、彼らは北側の繁殖海域にいる個体と同一個体群に属すると見てまちがいないでしょう。未成熟個体の南側海域へのすみわけは、三陸沖の突きん棒漁の漁獲物にも認められた現象であり、本種のほかの個体群にも共通する現象と思われます。このようなすみわけによって、繁殖集団と成長期の若者との間の資源の争奪を避ける効果が期待されます。

繁殖海域では

私たちは一九八二年の航海では八月二五日から三〇日までの六日間、北側の繁殖海域を調査しました。

その間に遭遇した五六群のイシイルカの行動は、前述の南側海域と著しく異なりました。調査船に近寄ったり、船首波に戯れたりする個体はほとんどなく、むしろ船を避ける傾向を見せたのです。そのうちの二九群については長時間（二一～四八分）の追尾・観察を行い、群れの組成や行動について次のような情報を得ました。

①母子連れを含まない群れが一六群。そこには［小型個体三頭］が二群、［小型個体五頭］が一群、［成体四頭］が一群含まれました。かりに、この比率をあえて一六群に引き延ばすと、その構成は成体一六頭、小型個体四四頭と推定されます。

②母子連れのみの群れが七群。内訳は［母子一組］が二群、［母子三組］が二群、［母子四組］が二群、［母子七組］が一群でした。これら七群は合計二三組の母子連れを含んでいました。

③母子連れ＋他個体の群れが六群。内訳は［母子一組＋成体一頭］が三群、［母子二組＋成体一頭］が一群、［母子二組＋成体一頭＋不明一頭］が一群、［母子三組＋成体二頭］が一群でした。これら六群全体の構成は、母子連れ一〇組、成体七頭、不明一頭となります。

本種は体長約一メートルで生まれ、満一歳時に一・四〇～一・五五メートルに成長します。成長が完成した個体の体長は雌雄で一〇センチメートル足らずの違いですから（後述）、目視による雌雄の判別は困難です。先の情報から、西部アリューシャン列島南方の繁殖海域で八～九月の交尾期に遭遇したイシイルカの組成はおおよそ次のように推定されます。

子どもをともなわない成体が二三頭。性別未確認ですが、おそらく雄が主体でしょう。

子連れの母親が四三頭。二一～三ヵ月前に出産期がありました。

母に連れられた子どもが四三頭。生後二～三ヵ月の子どもでしょう。母から離れた小型個体が四四頭。前年生まれの一歳児でしょう。その数は母子連れとほぼ同じです。親離れ後も繁殖海域に留まっていたのです。

この観察がなされた季節から見て、子連れの母親の多くは産後の発情期にあったと思われます。母子連れと行動をともにしていた成体は、発情雌を狙った雄でしょう。これら二九群から二頭だけが捕獲されましたが、その年齢は三歳と一〇歳で泌乳はなく、卵巣には排卵直後の黄体があり発情状態にあったことがわかります。この年には出産しなかったか、新生児が死亡したのでしょう。

繁殖海域にいる雄の数は雌の数に比べて少ないのですが、雄はやや遅熟であることと、繁殖海域の南側の海域には雄が多いことを考えれば矛盾はありません。

八～九月は出産期の直後であるにもかかわらず、当年生まれのゼロ歳児と前年生まれの一歳児の二頭を連れた母親が見られないことと、小型個体が数頭で群れている例が注目されます。この事実から、母親は遅くとも出産期までに前年生まれの子を離乳するものと推定されます。類似の事例は沿岸性のハンドウイルカの継続観察でも知られています（第4章3節）。そのような親離れをした一歳児の多くは母親と同一の海域に留まり、おそらく翌年の夏（二歳児）までに南側海域に移るものとも思われます。

子連れの母親は交尾期にあり、ほかの子連れの母親と一緒に行動することが多いようです。また、追尾中にほかの群れと合流したり、別れたりする例も観察されています。

このような情報から見て、イシイルカの父親が自分の子を認識しているとは考えられません。母子連れは血縁で結ばれた群れですが、それは長くても一年で解消されます。おそらく、彼らの社会における血縁群は一年弱の母子に限られており、多くの群れは生理状態や環境要求を同じくする個体が、血縁とは無関係に短期的に行動をともにしているものであり、その持続期間は一年を超えないものと想像されます。

なお、この繁殖海域は北はアリューシャン列島の米国二〇〇カイリ水域まで延びているようですが、さらにその北側にはベーリング海系の別個体群が分布することが寄生虫の寄生率の違いから推定されています[189]。

イシイルカの生活史――米国科学者の貢献

米政府は自国の科学者を一九七八年漁期から日本のサケ・マス流し網漁の母船に乗船させ、混獲されたイシイルカを調査させました（前述）。そこで得られたデータの一部を米国の科学者が解析しています[96]。用いたデータは一九八一～一九八七年の七年間、季節は前述の調査に先行する六月二日～七月三〇日の約二ヵ月、海域はアリューシャン列島の南側の米国の二〇〇カイリ水域（北緯四六～五三度、東経一七〇～一七五度）です。これはわれわれ日本の研究者が西部アリューシャン列島南方の繁殖海域と認識してきた海域です。次にその解析結果を紹介します。

そこで得られた妊娠雌四九六頭の胎児は、すべてが出生直前の大きな胎児でした。五日ごとにまとめて解析したところ、産後の雌は六月五日に初出し、六月二五～二九日以後は産後の雌が妊娠雌の数を上回り、七月二五日以後は妊娠雌が見られなくなりました。本個体群の出産期は六月上旬から七月下旬の約五〇日であると判断されます。

この標本には排卵直後ないしは妊娠初期の雌は出現せず、サンプルは交尾期前に得られたと判断されます。そこで、排卵接近の指標として卵巣の濾胞の成長を見たところ、七月一九日までは全個体で濾胞直径は一〇ミリメートル以下でしたが、七月二〇日からは直径一五〜一八ミリメートルの大型濾胞をもつ雌が出現しました。これは排卵が近いことを示しています。おそらく、この個体群では交尾期が七月二〇日ごろ、すなわち出産期の開始から四五日ほど遅れて始まり、九月上旬まで約五〇日続くものと思われます。これから概算すると妊娠期間はおおよそ一〇・五ヵ月となります。

本研究のように地理的にも時間的にも限定された標本から、繁殖周期を推定することには危険がともないます。年齢と卵巣中の黄白体数との関係から計算された年間排卵率は〇・九一四でした。これは一頭の成熟雌が一年間に排卵する確率です。排卵しても妊娠に至らないこともあるでしょうから、毎年妊娠する雌はせいぜい九割程度でしょう。

授乳期間の推定についても、データの偏りによる危険があります。本研究で得た妊娠雌四九六頭（前述）はすべて出産が近づいていましたが、その内訳は次のとおりです。一一パーセントは泌乳中で前年に生まれた子に授乳しており、二四パーセントはすでに泌乳を終えており、六五パーセントは次の出産に備えて初乳の分泌を始めていました。初乳は新生児の免疫力を高めるなど重要な機能をもち、乳腺組織を検鏡すれば識別できます。

先のデータは九割ほどの母親は次子の出産前に前年の子を離乳することを示しています。妊娠かつ泌乳中の五五頭の雌は捕獲される前年の六〜七月に出産し、直後の七〜九月に妊娠して胎児を育てつつ一〇ヵ月近く乳飲み子に授乳してきた少数派です。八〜九月の交尾集団のなかには乳飲み子を連れた母イルカが多くいることは日本の研究者が確認しています（前述）。彼女たちは一〜二ヵ月前に出産して次の妊娠に向かっているのでしょう。多くのイルカ類は生後数ヵ月で固形食をとり始めます[18]。また、ハクジラ類の胎児の栄養要求は妊娠の後期に急増するといわれます[146]。イシイルカが産後まもなく次の妊娠に入るとしても、胎児の栄養要求が高まるころまでに前回の子を離乳することは、母体にとっては合理的な選択です。

雌では成熟個体と未成熟個体がともに出現する年齢範囲は二〜八歳で、半数が成熟している年齢は三・八歳と推定されています。しかし、多くの雌が生後四年弱で成熟すると見るのは正しくないと思います。彼女らが初排卵を経験したのは一〇〜一一ヵ月前の前年の交尾期でしたから、性成熟の平均年齢は約三歳と見るのが正しいと思います。

雄の性成熟は睾丸の組織像からの推定ですが、成熟と未成熟の併存年齢が三〜六歳で、半数成熟年齢は四・五歳と計算されています。雌について述べたのと同様の理由で、平均成熟年齢はおおよそ三・五歳と見るのが正しいでしょう。

性成熟後の成長を見ると、この個体群では成長が停止する年齢は雌雄とも五〜八歳にあり、そのときの平均体長は、雌が一八九・七センチメートル、雄が一九八・一センチメートルでした。最大寿命は雌が一四歳、雄が一五歳で、雌雄差は認められません。

個体群により多少の違いはあるでしょうが、本種は三〜四歳で成熟し、ほぼ毎年繁殖し、最大でも一五年程度の短い生涯を終えるのです。このような早熟、頻産、短命はネズミイルカ科に共通する特徴の[17]ように思われます。イシイルカほどではありませんが、早熟・短命・頻産の傾向はスナメリやネズミイルカでも認められています。[147]

3　イシイルカ漁業の盛衰

突きん棒漁でイルカを獲る

突きん棒漁の漁具については第4章1節で述べました。縄文時代には北海道から伊勢湾沿岸までと朝鮮半島から北九州沿岸にこの漁具が知られており、イシイルカやネズミイルカを含む各種イルカ類が捕獲されてきました。[17] オホーツク文化は、縄文時代後の五世紀から一三世紀にかけてオホーツク海南部の沿岸域に栄えた海獣漁を生業とする文化です。[199] 礼文島の香深井A遺跡はその時代の遺跡のひとつですが、離頭銛とともに大型鯨類やゴンドウクジラ、イシイルカ、ネズミイルカなどの骨が出土しています（第6章4節）。根室や樺太の同時代の遺跡からは突きん棒漁の情景を描いた器物が出土しています。[17]

イシイルカ漁の商業化――動力船と散弾銃

イシイルカは大きな群れをつくらないので、追い込み漁には向きません。彼らは泳ぎが活発で、「海のサラブレッド」と形容されることもあります。このように動きの速いイルカを手漕ぎの漁船で追尾するのは困難です。しかし、彼らは高速船の船首波に戯れることがありますので、それを突き獲るのは容易です。このようなわけでイシイルカの商業捕獲には動力船の導入が鍵になりました。

『大槌町漁業史』[7]によれば岩手県の水産試験場は一九一二年に県下の漁民に焼玉エンジンの技術講習を行い、翌一九一三年には一四隻の大槌漁船が動力を備えたということです。さらに、一九一七年ごろには岩手県の吉里吉里(きりきり)部落の漁民が千葉県から指導者を招いてイルカの突きん棒漁を始めたこと、同様の試みが箱崎浦でもあったことが記されています。これは一九二一年前後には千葉県方面の突きん棒船が岩手県沿岸にさかんに来漁し、イルカやカジキ類を捕獲したという同書の記述や、突きん棒漁は明治初年には房州勝山でカジキを対象に行われていたが、動力船の導入にともない和歌山、大分方面に広がったという別書の記述とも符合します[61]。

岩手県方面のイルカ突きん棒漁をさらに効率化したのが一九二三～一九二四年ごろの猟銃の導入でした。創始者は気仙沼の小山喜代美氏とも大槌の小豆島(しょうずしま)栄作氏ともいわれています[17]。そこでは銃手が漁船の船首に位置し、船首波に乗ったイルカが浮上した瞬間に散弾を発射します。銃手の後ろに位置する銛手がただちに突きん棒を投じて死体を確保するのです。射撃された獲物の三分の一、すなわち水揚げ頭数の半数に近い死体が回収されずに失われる乱暴な操業でしたが、漁民から見れば効率向上に役立ったようです。銃の使用はオットセイの密漁を誘発するとして一九五九年から禁止されましたが、一九七〇年代の初めに私が三陸沿岸で調査をしたころにも、散弾で射殺されたイシイルカが水揚げされることがありました。一九八〇年代にはイルカ突きん棒漁で電撃を使うこともありました。銛で突いてから五〇ボルト程度の電撃でイルカを麻痺させて溺死させ、回収を早める手法です。

戦争とイシイルカ漁

このようにして成立したイシイルカの突きん棒漁ですが、その盛衰は社会情勢に大きく影響されました。そのひとつが一九三七年に始まった日中戦争と一九四一年の日米開戦でした。戦略物資である皮革原料の供給源のひとつとしてイルカ漁が奨励されたのです（第3章3節）。さらに、一九四五年の敗戦に続く食料難ではイルカ肉の需要が高まりました。当時の統計資料は乏しいのですが、一九四一年の状況を水産庁職員だった松浦義雄氏が記録しています[61]。それによると猟銃を併用するのはイルカ突きん棒漁の専業船で、全国に八七隻あり、その過半の四八隻を岩手県が占め、これに次ぐのが宮城、千葉、北海道、茨城の道県でした。捕獲頭数は三陸の地先で冬季操業をした二一隻と、冬季操業に続いて夏にオホーツク海方面に出漁した三隻について得られました。これを全国の専業船八七隻に引き延ばすと捕獲頭数は三万八〇〇〇余頭となります。漁場から見て捕獲の主体はイシイルカであったと思われます。このほかに猟銃を併用しない突きん棒船が全国で二六七隻あり、そのうちの二四六隻は兵庫県の船でした。兵庫県城崎では初夏にイシイルカやカマイルカが水揚げされた記録がありますが（第3章3節）、県下の捕獲総数は不明です。

三陸方面のイルカ漁は一九四九年には戦前・戦中のレベルに回復したとされていますが、それまでイルカ肉は食料統制下に置かれたため、水揚げの大部分は値段のよい闇に流通し、統計は定かでありません[191]。突きん棒漁で捕獲されたイルカの用途も、当時は今とは違いました。脂皮はおもに油脂原料、一部は下等な皮革原料とされ、メロンと下顎からは良質な機械油がとれ、肉・心臓・肝臓・腎臓は食用になりました。そのほかの内臓と骨は肥料とされましたが、内臓は洋上に投棄される事例もありました。最近では肉と脂皮が食用にされ、骨は肥料となるようです。

縮小期のイシイルカ漁——スジイルカの代替が救い

日本政府は一九五七年から都道府県別のイルカ類の漁獲頭数を報告しています。そこには種類の区別がありません。続いて都道府県別・種別のイルカ漁の統計を水産庁遠洋課（一九七二～一九八七年）と同・沿岸課（一九八六年～）が集めています。これに加えて、私は宮城・岩手両県の水揚げ市場で資料を筆写して一九六四年から一九七五年までの統計を構築しました[17]。

これらの統計をもとに、イシイルカが主体をなすと思われる宮城県以北の四道県について、戦後の好景気に続く停滞期のイルカ漁を眺めてみましょう。これら四道県のイルカ類の合計水揚げは、一九五七年から一九六六年までの一〇年間は年間九〇〇〇～一万五〇〇〇頭の間を上下し、その三三～八三パーセントを岩手県が占めていました。ところが、一九六七年からは捕獲が漸減し、なかでも一九七二～一九七五年の四年間は年間四〇〇〇～五〇〇〇頭と最低を記録しました。しかもその捕獲はすべて岩手県船によるものでした。岩手県船も捕獲頭数を漸減させましたが、大きく影響したのはほかの三道県の脱落でした。

この一九六七年からの九年間はイシイルカ突きん棒漁の退潮期にあり、岩手県の沿岸漁業者が冬の閑漁期の副業として日帰り操業をしていたのです。当時、私は岩手県下でイシイルカ漁の調査をしていましたが、釜石の工場で季節雇いの働き口でもあればイルカ漁はやらないという大槌の漁業者の嘆きを聞きました。

一九七〇年代の大槌には一人のイルカ仲買人がいました。彼は岩手県下に水揚げされたイルカのほぼ全数を競り落とし、その一部は太地の加工業者に送りましたが、大部分を沼津など静岡県内の水産物市場に出荷していました。当時の伊豆半島のスジイルカ漁は衰退期にあり（第4章5節）、静岡・山梨・神奈川諸県のイルカ需要は主として三陸のイシイルカ漁が、一部は太地の突きん棒漁が満たしていたのです。

回復するイシイルカ漁――捕鯨業衰退が支え

このように岩手県下に限られていたイシイルカ漁ですが、一九七六年ごろから捕獲が八〇〇〇～九〇〇〇頭のレベルにまで漸増し、一九八〇年代初頭には操業形態にも変化が見えてきました[17]。ひとつは、冬に茨城県方面に一週間程度の長期出漁をする岩手県船が現れたこと、第二は、夏に道東・道南方面で操業して漁獲物を氷蔵して持ち帰る岩手県船が現れたことです。夏に秋田県沖で突きん棒漁をする船が視認されたのもこのころでした。大戦中に経験したようなイルカ漁の周年操業が復活したのです。

一九八五年ごろには岩手県船による夏のオホーツク海操業が再開され、北海道船や宮城県船もイルカ漁に復帰しました。彼らが正式に突きん棒船として記録されたのは一九八六年ですが、それ以前から操業していたようです。そして、一九八七年には水産庁遠洋課の統計は一万三〇〇〇余頭のイシイルカの捕獲を記録し、IWCの科学委員会でも議論されることになります（後述）。

当時の周年操業の岩手県船の行動は、二月から四月まで三陸沖で操業し、四月に北上を始め、五～六月は青森・北海道沖の日本海操業、七～九月にはオホーツク海から釧路沖にかけて操業をして、秋に三陸沖に戻るものでした。漁獲物は船内の冷凍庫に保存するか、斜里などの沿岸冷凍庫に一時保管のあと、まとめて岩手県の大槌市場に出荷しました。なかには、漁協を経由せずに、日東捕鯨や日本捕鯨などの鯨肉工場に直接販売する船もありました。鯨肉供給が漸減するなかで鯨肉の代替としてイシイルカが使われていたのです[88、177]。当時の捕獲統計は、漁協から道・県を経て水産庁に報告された数値でしたから、捕鯨会社や鯨肉加工業者に直接渡されたものは、統計に計上されていない可能性があります[123]。

先に見たイシイルカ漁復活の裏になにがあるのでしょうか。おもな要因は捕鯨業からの鯨肉の供給減であったと思います。イシイルカの肉のすき焼きも、脂皮層と一緒に食べる腹肉の刺身もミンククジラに劣らないと私は思いますが、消費者の親しみやすさや供給量から見て鯨肉には勝てず、イシイルカ漁は捕鯨業の動向に振り回されたようです。

大戦後の一九四五年一一月に再開された日本の捕鯨業は拡大と縮小を経験しました。食用の肉・脂皮類の年間生産量は一九五九年に一〇万トンを超え、一九六二～一九六五年には最高の二二万トン前後を維持したあと、一九七三年から漸減が始まり、一九七六年には四万トンと一九五〇年のレベルまで低下しました[44]。外国船団からの鯨肉輸入（一九六一～一九八〇年）もありましたから、日本船団からの供給低下が突きん棒漁の経営にただちに影響するわけではないでしょうが、一九六〇年代後半から一九七〇年代前半の突きん棒漁の縮小期が鯨肉生産の山に、一九八〇年代の突きん棒漁の復活期が捕鯨業の終末期に符合することは意味があると思います。

イシイルカ漁の管理

国際捕鯨取締条約ではマッコウクジラ以外のハクジラ類とミンククジラを捕獲する捕鯨業を小型捕鯨業と呼んでいます。日本政府は商業捕鯨を停止するという国際捕鯨委員会（ＩＷＣ）の決定を、南極海捕鯨は一九八七年末開始の漁期から、北太平洋捕鯨は一九八八年開始の漁期から受け入れることにしました。これにより日本の小型捕鯨船はミンククジラの捕獲ができなくなります。しかし、日本政府はツチクジラやイルカ類は条約の対象外としてＩＷＣの規制を拒否していましたので（第4章5節）、イシイルカ漁で延命を図る小型捕鯨船が現れたのです。それは一九八七年の夏のことでした。

当時、私は水産庁の遠水研に勤務しており、一九八八年の夏に小型捕鯨船が捕獲するイシイルカとツチクジラを調査するためにオホーツク海沿岸に出張しました。その機会をとらえて北海道各地のイルカ漁船を見て回り、オホーツク海沿岸の諸漁港で合計二一隻、霧多布で九隻の合計三〇隻を確認しました。この数には洋上にいた船は含まれません。漁業者からの情報では、同年に北海道沿岸で操業したイルカ漁船は四〇隻（網走情報）とも六四隻（紋別情報）ともいわれました。このほかに岩手県沖で冬だけイルカ漁をする船もあるはずです。

一隻がどれほどのイシイルカを捕獲するのか。この情報は岩手県での聞き取りで別途に得られました。当時の三陸沖の冬の操業では一ヵ月に八〇頭から一一〇頭、北海道の夏の操業では二四〇頭から三六〇頭の捕獲が可能とのことでした。この情報をくれた漁業者は、二月から九月までの足かけ八ヵ月の操業（うち六〇日は休業）で一一五八頭を獲ったそうですから、その後に予想される捕獲を加えれば年間一二〇〇頭は固いでしょう。さらに、大型エンジンを積んだ二〇ノット以上を出せる船は年間二〇〇〇頭の捕獲が可能との情報もありました。母子連れは警戒心が強いのですが（第5章2節）、高速船はそれを追いつめて捕獲するそうです[203]。北海道で一九八八年に操業した三〇隻ないし四〇隻が一年間に捕獲するイシイルカは三万六〇〇〇頭ないし四万八〇〇〇頭に上る可能性があります。この数値は水産庁遠洋課が公表した前年の捕獲頭数の二・七〜三・六倍です。このほかに冬季の三陸沖操業が加わるはずですから、漁業の急成長で不一致を説明するのは無理と思われました。そこで、近年の水産庁統計には疑問があることを水産庁遠洋課に報告するかたわら、機会がありましたので、日本のイルカ漁のレビューに含めて宮下氏と共著で月刊誌に公表しました[20]。

私たちのこの動きとの関係は不明ですが、水産庁では遠洋課に代わって沿岸課が修正統計を構築して翌一九八九年のIWCに提出しました。私たちの記事と沿岸課の修正統計を目にしたIWCの科学委員会は、「このような大量捕獲が可能か、かりに事実ならば資源はそれに耐えられないであろう」として、さらなる統計の確認を求めました。私はその要請を受け、岩手県職員の同行を得て、県下の魚市場を訪れて記録を点検して統計を再構築しました[123]。それらの捕獲統計は次のように対比されます（前後の年度の統計は省略します）。

	一九八五年	一九八六年	一九八七年	一九八八年	一九八九年
遠洋課統計	一万〇三七八	一万〇五三四	一万三四〇六	—	—
沿岸課統計	—	一万六五一五	二万五六〇〇	四万〇三六七	二万九〇四八
粕谷推定値	—	—	三万七二〇〇	四万五六〇〇	—

私は、岩手県下の魚市場の販売統計を点検し、沿岸課の統計はおおむね正しいと結論しつつ、次の二点を修正しました。それが「粕谷推定値」です。

①漁協によっては一九八七年統計にやや過少報告の、また一九八八年統計には過大報告の操作の事例が認められる。前者は規制強化の誘発を避けるためであり、後者は近く予測される捕獲枠設定に備えての実績づくりのためと思われる。

②北海道から送られてくる肉を一頭あたり八〇キログラムと換算するのは誤りであり、五〇・四キログラムが妥当である。

なお、漁業者から鯨肉加工業者に直接納入された漁獲物は、これらいずれの統計にも算入されていない可能性があることを記憶する必要があります。

このような経過を経て、水産庁は関係道県にイシイルカの捕獲削減を求めつつ準備を進めて、一九八九年からイルカ突きん棒漁を許可制とし、一九九一年にはイシイルカ型とリクゼンイルカ型を合わせて一万七六〇〇頭の捕獲枠を設定しました[17]。その後、二〇〇七年からは削減が続き、二〇二〇年度の捕獲枠はイシイルカ型四一三七頭、リクゼンイルカ型四三九八頭、合計八五三五頭となっています。

この捕獲枠設定の基礎になったのは、宮下富夫氏が一九八九、一九九〇両年の目視データにもとづいて算出した日本海・オホーツク海系のイシイルカ型二二万六〇〇〇頭、三陸・オホーツク海系リクゼンイルカ型二一万七〇〇〇頭との推定資源量[157]と、年間増加率四パーセントの仮定です。ただし、この年間増加率やその後の捕獲枠削減の科学的根拠は明らかではありません。

水産庁のホームページ「国際漁業資源の現況」によれば、岩手県ではリクゼンイルカ型はほぼ捕獲枠を達成しているなかで、イシイルカ型の捕獲頭数は二〇〇六年から減少に向かい、捕獲枠に対する達成率も二〇パーセント程度に低下しています。その背景には夏の北海道沿岸での操業低下があり、その変化は二〇一一年の震災以前に始まっていることが注目されます。

二〇一一年の震災の後は二〇二〇年に至っても北海道船のイシイルカ操業は確認されておらず、岩手県船による捕獲頭数も減少したままで、イシイルカの両型を合算しても一〇〇〇頭に達しません。震災以前から衰退に向かったかに見える日本のイシイルカ漁の今後の動向が注目されます。およそ一〇〇年近く続いたこの漁業は、このまま終末を迎えるかもしれません。

第6章　ゴンドウクジラ類——母系社会に生きる

1　日本近海の種——大村秀雄氏の疑問

ゴンドウクジラ属の分類

マイルカ科ゴンドウクジラ類の属名 *Globicephala* は「丸い頭部」を意味します。このグループの分類には長い混乱の歴史があり、これまでに二八もの種名が提案されてきたそうです[109]。そのなかにはシーボルトが日本から持ち帰った頭骨標本にもとづいて記載された *G. sieboldii* もあります。その後、フレーサー氏[98]とブリー氏[85]の努力で、頭骨の形態にもとづいて、寒冷域の *G. melas* と暖海性の *G. macrorhynchus* の二種に整理されました。ちなみに前種は「黒い体色」、後種は「大きな口」を意味しますが、これらは両種を識別する特徴とはなりません。体色斑や頭部の外形には地理的変異が多く、分類の混乱の一因となりました。前種は胸鰭がやや長いのですが、確実な判定には頭骨を見る必要があります。頭骨吻部の背面に見える切歯骨（顎間骨・前上顎骨）が先細りなのが前種で、前端付近で団扇のように広がっているのが後種です。

日本人のゴンドウクジラ類の認識には二つの系統があります。ひとつは紀州産のゴンドウとしてナイサゴトウとシホゴトウの二種をあげた一七六〇年の『鯨誌』にさかのぼりますが[68]、これより三五年ほど先行するとされる古座浦の捕鯨絵巻にも「塩ゴト」の記述があるそうです[67]。当時、紀伊半島沿岸では数ヵ所で網取り捕鯨が行われており、『鯨誌』はそこでの観察にもとづいたものです（第2章1節）。第二の系統は、今日の捕鯨業者の認識で、和歌山方面に分布するマゴンドウと三陸方面のタッパナガを区別しています。これらの解釈の歴史を簡単に紹介しましょう。

小川鼎三氏は太地産の標本をもとにナイサゴトウとマゴンドウは同一種であるとして学名を*G. melas*とし、鮎川産の標本はシホゴトウすなわちタッパナガであるとし、その学名をアンドリュース[74]にしたがって*G. scammoni*としました[10]。今では、*G. scammoni*と*G. macrorhynchus*は同義とされています。この解釈が日本では長く受け入れられていましたが、それを疑問に思う研究者もありました。

私が日本捕鯨協会鯨類研究所（鯨研）に就職してまもない一九六〇年代の初めに、所内の研究者の雑談の折に、大村秀雄所長が「*G. melas*は北大西洋の寒冷域から記載された種であるが、日本ではそれが黒潮流域にいるとされている。分類に問題があるのではないか」と述べたのを記憶しています。これに対する回答は東京大学海洋研究所（海洋研）の西脇昌治教授が立ち上げた日米共同研究「北太平洋の鯨類動物相に関する研究」の成果のひとつとして得られました。彼らは伊豆半島の安良里で捕獲された標本と国立科学博物館に保存されていた故小川氏の収集品を検討して、「日本近海でこれまでに確認されたゴンドウクジラ類は、すべて暖海性の *G. macrorhynchus* である」と一九六七年に結論しました[54]。

そこで問題となるのが、暖海性のゴンドウクジラの標準和名として、先にあげたいくつかの名称のどれを使うかということです。西脇氏は一九六五年の著書『鯨類・鰭脚類』のなかで、*G. macrorhynchus* が日本近海に生息するか否かは不明としつつ、英語名の翻訳であるコビレゴンドウという和名をそれに与えています[52]。そこで私はこれを受け入れて、旧来のいくつかの名称は、それらが別個体群ないしは別亜種と認められるときのために、温存することを提案しました[16]。寒冷種 *G. melas* の標準和名としては、その英語名の日本語訳ヒレナガゴンドウとすることも同時に提案しました。

コビレゴンドウに二つのタイプ

日本近海に現生するゴンドウクジラ属の種はコビレゴンドウ一種であると結論されましたが、これですべてが解決したわけではありません。前述の『鯨誌』には三種の「ゴンドウ」が記されています。そのひとつオオホナンゴトウはオキゴンドウと判断されます。それは頭の形の記述と、太地では今でも同じ呼称が使われていることによります。残るナイサゴトウとシホゴトウはゴンドウクジラ属の種を指すと見られます。前種は全身が黒色であり、後種は背鰭の後ろに「白斑雲頭文」、すなわち白色で不定形の斑紋があると記述されて、図も示されています。われわれが鞍型斑と呼ぶこの白斑は南半球のヒレナガゴンドウにも普通に認められる形質です。その有無は種の識別には使えませんが、種内の地域個体群を識別するには有効らしいのです。

太地五郎作氏は和歌山県太地の網取り捕鯨を経験した一人ですが、彼は『熊野太地浦捕鯨乃話』のなかで、マゴンド（真巨頭）とタッパナガ（手羽長）の名称をあげております（シホゴトウについては記述していません）[41]。両者の区別については、太地の小型捕鯨業者の磯根嵓氏が一九七五年に次のように話してくれました。①マゴンドウは太地沖で捕獲され、タッパナガは三陸方面で捕獲される、②タッパナガの肉には脂肪が少ない、③タッパナガという呼称は胸鰭（タッパ）が長いことを意味する。

『鯨誌』にあるナイサゴトウと太地の漁業者のいうマゴンドウは、産地と体色の特徴から見て同じものと理解されます。シホゴトウとタッパナガは同じかもしれないと思われましたが、その確認には三陸方面に出かけて現物を見る必要があります。その機会が得られたのは一九七五年六月のことでした。研究船淡青丸に宮崎信之氏と乗船して津軽海峡から南下して東京に向かう途中、八戸沖で一群のコビレゴンドウに出合ったのです（第3章3節）。船を寄せてみると、どの個体も背鰭後方の背部に白色の大きな鞍型斑をもっていました。その輪郭、とくに後縁は白さが際立ち黒い地色との境は明瞭でしたが、前方の輪郭は不明瞭で個体差が大きいように感じました。これが『鯨誌』のシホゴトウであり、太地の捕鯨業者のいうタッパナガであろうと感じました。

一九八二年一〇月、私は太地に追い込まれたマゴンドウの調査をしていました。そのとき、先に述べた磯根氏から「今、鮎川の小型捕鯨船がタッパナガの捕獲を再開した」と聞きました。これは八年ぶりの操業再開で、ミンククジラ漁期後の九〜一一月に鮎川港を基地にしての操業でした。そのことを当時国立科学博物館にいた宮崎氏に電話で知らせたところ、彼はさっそく調査に出かけて数頭分の胃内容物と頭骨標本を手に入れて戻りました。彼の話では、タッパナガはわれわれが八戸沖で見たゴンドウと同じもので、太地のマゴンドウとの外部形態の違いは明瞭とのことでした。

私は一九八三年四月に水産庁の遠洋水産研究所（遠水研）の鯨類研究室に異動しました。これを好機として、研究者の旅費は水産庁に、調査補助員の手配では日本捕鯨協会などのお世話になりつつ、一九八三年から一九八八年までの六漁期に鮎川で三六八頭のタッパナガを調査し研究試料を集めることができました。

マゴンドウとタッパナガの比較に関しては多くの研究者が関心をもってくれて、興味ある成果が得られました。頭骨の形態と食性の研究は宮崎氏のグループが[162、143]、外部形態は近畿大学の米倉学氏[196]と遠水研の木白俊哉氏[31]が、酵素の多型とミトコンドリアDNAによる遺伝的解析は、それぞれ遠水研の和田志郎氏[187]と三重大学の影崇洋氏[13]が、成長や繁殖などの生活史に関する研究はおもに私が行いました[131、133、140、151]。その後、米国ではスクリップス海洋研究所のチゼ氏ら[89]がミトコンドリアDNAの地理的変異を、南西漁業研究所のチバース氏ら[87]が航空写真にもとづいて中・北米大陸沖合におけるタッパナガ型の分布を報告しています。以下ではこれらの研究成果の概要を紹介します。

最近の外国の著作には、『鯨誌』[68]にならってコビレゴンドウの二つのタイプをNaisa typeとShiho typeと称する事例も見られます[89]。将来はそのような呼称が一般化する可能性がありますが、本書ではこれまでの事例にしたがい、それぞれにマゴンドウとタッパナガの呼称を使っています。

2　マゴンドウとタッパナガ——コビレゴンドウの二型

その違いと寒冷適応

日本近海のコビレゴンドウにはタッパナガとマゴンドウの二つの型があり、地理的にすみわけています。外見上の違いは、①背鰭後方の鞍型斑（第6章1節）、②体の大きさ、③成熟雄の背鰭とメロン（前頭部の脂肪組織）の形、にあります。

タッパナガには背鰭の後方に明瞭な白色斑があります。マゴンドウでは背鰭から尾柄にかけての背稜部に不明瞭な淡色域がありますが、幅が狭く、かつ周囲の黒色域との境界が不明瞭で、その存在は死体ではほとんど視認できません。コビレゴンドウには目の後背方と腹部にもめだたない淡色域がありますが、この点については両型間の違いは確認されていません。

マゴンドウに比べてタッパナガは体が大きいのです。新生児の平均体長はマゴンドウが一・四〇メートル、成長停止時の平均体長は雌が三・六四メートル、雄が四・七四メートルです。タッパナガの体は、これらに比べて三〜四割ほど大きいのです[17]。平均成熟年齢（雌七歳、雄一七歳）、成長停止年齢（雌二〇〜二五歳、雄二五〜三〇歳）、最大寿命（雌六〇歳前後、雄四五歳前後）など、年齢関係の指標はタッパナガとマゴンドウの間で違いがありません。雌は雄に比べて長寿ですが、これについては育児との関係で後にくわしく触れます（第7章1節）。

マゴンドウについては体長と体重の関係式が得られています。[133] 体形の若干の違いは体重には大きく影響しないと見て、この単一の関係式を用いて体重を推定しますと、タッパナガ新生児の体重は八三・六キログラムで、マゴンドウのそれよりも二・二倍も重いのです。両者が完全に相似形ならば、体重が二・二倍に増えても体表面積は一・七倍にしかなりません。そのため出生体重が大きいことは耐寒能力の向上につながります。哺乳類の体重と耐寒下限温度に関する一般則にこれをあてはめると、タッパナガの新生児の耐寒下限温度はマゴンドウの新生児のそれよりも四度ほど低いと推定されます。[17] タッパナガはマゴンドウよりも北方海域に生活し、しかも一二～一月の冬季に出産しますから、体を大きくして耐寒能力を向上させたのは意味があります。ちなみに、南方海域に生活するマゴンドウの出産の七割以上が六～九月の温暖期にあります。なぜタッパナガは寒い冬に出産するのでしょうか。これには離乳期の食料事情が関係していそうです。コビレゴンドウが固形食をとり始めるのは生後半年ほどですが（後述）、冬に出産するタッパナガの場合には離乳開始が夏となり、おもな餌料であるイカ類の来遊のピークに一致するという利点があります。

コビレゴンドウの二次性徴はマゴンドウの雄に顕著に現れます。その第一は頭部のメロン（第1章3節）の形です。マゴンドウもタッパナガも、新生児にはカマイルカに似た短いくちばしが認められますが、しだいにメロンが膨らんで上顎にかぶさり、くちばしが隠されて、巨大な頭部が形成されます。ゴンドウ（巨頭）と呼ばれるのはそのためです。さらに、マゴンドウの成熟雄ではメロンの前面の左右の隅が張り出して角張り、背面から見ると太鼓のように見えます。一方、タッパナガでは成熟雄もメロンの前面が丸みを帯びている点で雌のメロンとあまり形が違いません。

二次性徴の第二の違いは背鰭の形です。子どもや雌の背鰭の形はイルカの背鰭に似ていますが、成熟したマゴンドウの雄では背鰭の前縁が丸く張り出して、横から見ると浅いザルをかぶったような形になります。大蔵常永は『除蝗録』のなかでこれをアミガサヒレ（編み笠鰭）と形容しています[4]。タッパナガでは成熟雄でも背鰭前縁の張り出しが弱いのです。雄が雌に比べて大きな背鰭をもつ例はコビレゴンドウのほかに、シャチやカマイルカでも知られています[17]。大きな背鰭が雌をひきつけるのか、なにか別の効果があるのか、それについてはなにもわかっていません。

マゴンドウとタッパナガには、先に述べた以外の体の各部位の比率には、ほとんど違いがありません。頭骨各部位の寸法をタッパナガとマゴンドウで比較すると、多くの部位で有意差が認められました。これは体の大きさを反映するものですから当然です。そこで、頭骨各部位のプロポーションを比較すると両型の間で有意な違いは認められません。タッパナガとマゴンドウの頭骨は大きさでは異なるが、形は相似形であると解釈されます[17]。

和歌山県太地で捕獲されるマゴンドウ、なかでも成熟した雄では、季節を問わず肉に脂肪が蓄積されて、現地では食用として好まれ、刺身や乾物として消費されます。タッパナガでは、秋に三陸方面で捕獲された個体で見る限り脂肪の蓄積が少ないのは事実です。ただし、季節の影響は明らかではありません。

分類学上の位置

動物分類学者は動物の種間や個体群の間の隔たりを客観的に評価することに努力を続け、頭骨の計測値を統計的に処理して類似度を評価する試みもなされました。さらに客観的な手法を求めて、一九六〇年代には血液型や酵素の多型の出現頻度を用いることが始まり、一九八〇年代にはその先の根源に迫る手法として遺伝子を構成するDNAの分子構造の違いを指標とする手法が開発されました。今ではこれが系統分類学のおもな手法となっています。

タッパナガとマゴンドウは同種なのか別種なのかという議論に決着をつけたのはミトコンドリアDNAの解析でした。ミトコンドリアはエネルギー代謝をつかさどる細胞内器官で独自のDNAをもっています。核DNAは精子と卵子から受け継がれますが、ミトコンドリアDNAは卵子だけに由来します。すなわち母系遺伝をする形質です。

日本の影氏も参加して行われたミトコンドリアDNAの解析の結論は、北大西洋と南半球のヒレナガゴンドウはひとつの大きなグループにまとまり、各地のコビレゴンドウとは明瞭に区別され、ゴンドウクジラ属を二種とする従来の知見を支持しています[176]。コビレゴンドウのなかでは、日本のマゴンドウとタッパナガはそれぞれが独立のグループを構成し、やや不明瞭ながら南太平洋各地のコビレゴンドウもこれらとは異なるグループを構成する傾向が認められました。この研究より前に、遠水研の和田氏は日本産のタッパナガとマゴンドウについて三六種の酵素を支配する遺伝子の多型を解析して、両者の遺伝的距離を計算しました。その結果、両者の遺伝的距離（〇・〇〇〇四）は、スジイルカ属の二種間（スジイルカとマダライルカ）の距離（〇・〇二六）に比べて格段に小さいことを見いだしています[187]。

タッパナガとマゴンドウの扱いについては、両者を別亜種とするのが適当と考える研究者もいるようです。しかし、任意の二つの産地間の違いだけに注目して亜種を定めるのは拙速にすぎると思います。

南北大西洋をも含む世界各地のコビレゴンドウの地域差を明らかにしたうえで、どこに線を引いて、いくつの亜種に分けるかを判断することが望まれます。

日本近海におけるすみわけ

遠水研の鯨類研究室の目視データをもとに、コビレゴンドウの出現と表面海水温の関係を見ると、[134]七～九月期にはタッパナガは一九度台から二三度台に、マゴンドウは二四度台から三〇度台に出現し、分布の境界水温は二三～二四度にありました。冬の一～三月期はデータが少ないのですが、タッパナガは一六度台から一七度台に、マゴンドウは二〇度台から二三度台に発見がありました。生息下限の水温はマゴンドウとタッパナガで四度ほどの差があり、前述の新生児の耐寒能力の差と矛盾はありません。

同じデータで発見位置の分布を見ると、七～九月期にはタッパナガは北海道南岸から銚子にかけての沿岸域に出現し、銚子より南にはマゴンドウが見られました。この道南から銚子に至る海域は親潮と黒潮の混合域です。季節が進んで一〇～一二月期になっても、両型の分布パターンにはほとんど変化が見られません。

私は伊豆半島と太地の追い込み漁で捕獲されたコビレゴンドウについて一九六五年から一九八四年までの二〇年間に三〇群の解体処理に立ち会い、一〇〇〇頭近くの死体を見ましたが、そこではシホゴトウすなわちタッパナガの体色には出合っていません。一九八二年の秋に鮎川沖にマゴンドウの一群が現れて小型捕鯨船が捕獲した記録がありますが、その砲手にとって、マゴンドウは初見だったようです。[140]コビレゴンドウの二つの型の分布はほとんど重複しないと見てよいでしょう。

それでは江戸時代の紀州の捕鯨業者はどのようにしてタッパナガを知ったのでしょうか。ひとつの可能性は海況の長期変動です。江戸時代の日本には寒冷期が幾度かありました。東京付近の七月の平均気温は、一七三〇年からの六〇年間と一八九〇年からの二〇年間は、その前後よりも一〜二度低かったといわれます[33]。もしも、その時期に三陸方面の冷たい沿岸水が南下して紀州沿岸に達していたならば、タッパナガの群れが紀州の漁業者の目に触れる機会が生じたかもしれません。「シホゴトウ」の名称が『鯨誌』[68]などの文献に現れた時代との矛盾はありません。

日本近海のタッパナガの分布のもうひとつの特徴は、東経一四五度以東の北部北太平洋の沖合域には出現しないことです[134]。

タッパナガの起源——北太平洋を西から東へ

私はコビレゴンドウの鞍型斑の有無の記録を出版物から集めたことがあります[17]。それによると明瞭な鞍型斑があり、タッパナガに似た個体は北米大陸沿岸沿いに北はバンクーバー沖から南はカリフォルニア州を経てカリフォルニア半島南端に近い北緯二〇度付近まで記録がありました。これは黒潮続流の末流である北太平洋海流に起源する二つの海流、すなわち北上するアラスカ海流と南下するカリフォルニア海流の勢力圏に相当します。

最近、この知見を補強する二つの研究が米国から報告されました。米国ではマグロ巻き網漁によるイルカの混獲問題に対処するため、一九八六年から航空機による大がかりなイルカの分布調査が行われ[104]、その過程で得られた航空写真から体長を推定して、次のような結論が得られました[87]。すなわち、①北緯四五度付近のオレゴン州からカリフォルニア半島の先端の北緯二〇度付近までの海域にはタッパナガが分布する（従来の知見を支持）、②その南の北緯一〇度から赤道に至る西経一二〇度以東の低緯度海域にもタッパナガが確認された（これより西の西経一五〇度までの海域にもコビレゴンドウの発見がありましたが、型の判定はできませんでした）。①と②の間の緯度にして約一〇度の範囲はコビレゴンドウの空白域です。この空白域は表面水温が高いことに加えて、低水温の底層水が海面近くまで上昇している特殊な海域で、豊富な栄養塩の供給を背景にマグロの巻き網漁の好漁場となっています。②の海域は南米大陸の西岸を北上するフンボルト海流の末流域で、水温がやや低いという特徴があります。その南のフンボルト海流の主流域には、寒冷種ヒレナガゴンドウが生息します。

東部北太平洋のコビレゴンドウに関するもうひとつの興味ある研究は、ミトコンドリアDNAの解析です[89]。日本のタッパナガ標本（四頭）のミトコンドリアの変異型はすべてE型でしたが、その出現状況を先の二つの海域で調べたところ、①の北海域のタッパナガでは四九頭中四五頭にE型が出現（変異型の総数は四型）、②の南海域のタッパナガでは一二〇頭中九六頭にE型が出現（変異型の総数は八型）しました。両海域間の差は統計的には有意ではありませんが、おおよそ一〇〇〇キロメートルの隔たりがあることを考えれば、交流は無視できる程度と思われます。このE型は他海域のコビレゴンドウからは確認されていません。ハワイにはマゴンドウが分布し、それとタッパナガの間には共通する変異型は認められず、両型の違いは明瞭でした。

タッパナガはどのように生まれたのでしょうか。その背景には地球の気候変動が考えられます。地球上では寒冷期と温暖期の交代が幾度もありました。今からおおよそ二六〇万年前に始まった更新世は氷河時代とも呼ばれ、数万年間隔で温暖な時期（間氷期）と寒冷な氷期が数回繰り返されました。最後の氷期はウルム氷期とも呼ばれます。当時は海水面が今よりも一〇〇メートルほど低かったのです。そのため、日本海は対馬海峡と津軽海峡でかろうじて外洋と通じていました。ウルム氷期は今から一万年ほど前に終わり、今の温暖期、すなわち間氷期が始まりました（この時代は完新世とも呼ばれます）。気温の上昇にともない海水面も上昇を始め、六〇〇〇年ほど前には気温は今よりも高く、海水面も数メートル高かったといわれます。これが縄文海進です。縄文時代の貝塚が関東平野の今の海岸線よりも内陸側にあるのはこのためです。このような海岸線や海水温の変化は鯨類の分布や交流に影響し、種や個体群の形成に影響したと思われます。スナメリはその好例です（第3章3節）。

タッパナガとマゴンドウの形成に関して私は次のように想像しています[17]。寒冷期には西部熱帯太平洋の黒潮源流域がコビレゴンドウの祖先の避難所となったのでしょう。温暖期になっても大きく居所を変えずに、ハワイ以西の黒潮反流域に留まったグループが今のマゴンドウになったと思われます。一方、祖先型の分布の東縁にいた個体の一部は、その時代はわかりませんが、低水温への適応を進めつつ東進して大型化を達成したのが今のタッパナガではないでしょうか。遅れて今から六〇〇〇年ほど前の縄文海進の時期には、アラスカ海流域のタッパナガの一部がアリューシャン海流沿いに西進して三陸・北海道沖にまで進出したのでしょう。それに続いて気候がわずかに寒冷化して今に至りました。それにともなって直接の原因はわかりませんが、三陸沖からバンクーバー沖に至る広大な海域からタッパナガが姿を消し、暖かい黒潮の影響を受ける三陸沖にタッパナガの個体群が孤立したと想像されます。一九八〇年代には北緯三五度以北の海域でイシイルカの分布調査のために数回の航海が行われましたが（第5章

2節)、東経一五〇度付近から西経一三五度付近までにはゴンドウクジラ属の発見は皆無でした。最近はＤＮＡの構造変化の速度を推定する試みがなされているようです[184]。そのような手法で各地のコビレゴンドウの個体群形成の時間的な過程が明らかにされたらすばらしいことです。

3　コビレゴンドウの生活史と生存戦略

群れ組成

マゴンドウは日本近海に生息するコビレゴンドウの地方型のひとつです（第6章1節）。西部北太平洋における調査航海で観察されたマゴンドウの群れサイズは一〇頭前後から五〇〇頭まであり、一〇頭台と二〇頭台がもっとも多く、これらが全群数の三六パーセントを占めました[158]。カナリー諸島沖で継続観察されたコビレゴンドウの行動単位はポッドと呼ばれる比較的小さい群れであり、複数のポッドは一時的に合流して、しばしば大きな群れをつくることが知られています[108]。同様のことが日本近海のマゴンドウでも予測されます。

和歌山県太地では追い込み漁でマゴンドウが捕獲されてきました[17]。そこで得られたデータを見ると、単一で発見されて追い込まれた八群のサイズは一四～三八頭の範囲にありました（平均二五頭）。これに対して複数の群れが視界内に散在したなかから、好ましい群れを追い込んだ七群のサイズは二〇～五二頭の範囲にありました（平均三五頭）。成熟雄は体が大きく肉質もよいので、漁業者は雄が多く、かつ構成員が多い群れを選ぶ傾向がありますので、細かい議論は無用です。これらの群れの平均的な組成は成熟雌一六頭に対して成熟雄は四頭であり、群中には複数の成熟雄が共存していることが注目されます。一群中の未成熟個体の数は雌四・七頭、雄六・一頭でした。これらの雌雄差には雄が遅熟で、かつ短命であることが影響していると思われます（後述）。

群内の血縁関係——影崇洋氏の貢献

マゴンドウの群内の血縁関係を調べて、彼らの社会構造を理解することを試みたのが、三重大学の大学院生の影崇洋氏でした[13、17]。彼は太地で追い込まれたマゴンドウの群れについて核DNAとミトコンドリアDNAを解析しました。その成果は次のように要約されます。

①マゴンドウの群れの基本単位は母系家族である。群れは成熟雌、成熟雄、未成熟個体よりなり、娘や息子は成熟後も母親と同居しています。ただし、成熟した娘や息子が母親の群れから離脱する事例が皆無であることが証明されたわけではありません。母・息子・娘の同居はバンクーバー沿岸のレジデント型のシャチでも知られています（第7章1節）。

②一群に二つの母系が含まれる場合がある。複数の母系群が一時的に合流する事例はシャチやカナリー諸島のコビレゴンドウでも知られています。

③単一母系群のなかでも、個体間の年齢が隔たるにつれて、遺伝的近縁度が低下する。これは母系外の遺伝子の流入（群外繁殖）によると理解されます。

④胎児の父親は群れのなかにいなかった。四群から得た一八頭の胎児（体長一三・六～一〇五・五セ

ンチメートル）の父親は群外の雄と考えざるをえません。一三センチメートルの胎児は妊娠一〜二ヵ月ですから、父親は交尾をすませて二ヵ月以内に雌の群れから離れるのです。複数の群れが一時的に合流したときにセックスパーティーが開かれるものと想像されます。同様の例は前述のシャチの群れでも知られています。

群れの年齢構成

マゴンドウの雌は平均八歳で初排卵を経験して成熟雌の仲間に入ります。彼女らは最高三五歳まで繁殖したあと（後述）、一〇年を超える老年期を経て、最大寿命六二年を生きるのです。その平均繁殖間隔は五〜六年ですから（後述）、生涯には最大五頭程度の産児が可能でしょう。雌の平均余命は二二〜二三年と漁獲物の組成から推定されています[131]。これらの特徴はタッパナガでもほぼ同様です（後述）。

若い雌はたいてい初排卵で妊娠しますが、初排卵で受胎に失敗した場合には、妊娠まで一ヵ月ほどの間隔で二〜三回の排卵を繰り返します[149]。妊娠期間は約一五ヵ月ですから、彼女らは平均一〇歳で初産を経験し、平均余命より若干若い二〇歳時には初孫を見る計算になります。マゴンドウの雌の半数強は自分の群れのなかで孫の出生を見るばかりか、曾孫を見るまで生きる雌も少なくないのです。

マゴンドウの雄の成長は時間をかけて緩やかに進行することと、交尾経験の有無や産児の確認ができないため、いつ繁殖能力を得たのかの判断がむずかしいのです。若干の雄は七歳ころから睾丸の一部の組織で精子の形成を始めます。これが成熟に向かっての助走です。助走を始める季節は交尾盛期の六〜七月に多いことが知られています。彼らの睾丸重量は一四歳ころまで緩やかな増加を見せたあと、一四

～一八歳のころに片側重量一〇〇グラム前後から七〇〇グラム前後へと急速な成長を見せます。彼らはこのころに繁殖能力を得て「性成熟」に至るものと推定されます。この段階で精子形成が季節と無関係となり、しかも睾丸の全域で精子形成が行われるようになります。半数個体がこの「性成熟」の状態に達する年齢はマゴンドウ（一七・〇歳）もタッパナガ（一六・五歳）も同様です。ただし、睾丸は二五歳ごろまで成長を続けて、平均三（マゴンドウ）、ないし八キログラム（タッパナガ）前後に達します（いずれも左右合計）。これらは彼らの推定体重（各一・二六、三・五トン）の〇・二四～〇・二五パーセントと差がありません。雄の最大寿命は四五歳で、この点もタッパナガとマゴンドウに差がありません。雄の平均余命はマゴンドウについて、漁獲物の年齢組成から一二～一三年と推定されています[131]。雄は雌よりも遅熟・短命で、性成熟まで生きるのは半数ほどにすぎないようです。

更年期を経て老齢期へ

成熟雌のなかに占める妊娠雌の割合は、マゴンドウでもタッパナガでも年齢とともに着実に低下します。データの多いマゴンドウの成熟雌について年齢一〇歳ごとにまとめてみると、五～一四歳時では妊娠雌は六三・五パーセントを占めていますが、一五～二四歳の四四・三パーセント、二五～三四歳の二二・八パーセントを経て、三五～四四歳には一・六パーセントに低下します。妊娠雌は三五歳以下に限られます。この背後には妊娠に至らない排卵の増加、排卵頻度の低下、排卵の停止などが確認されています。

発情が近づくと雌の卵巣には複数のグラーフ濾胞が成長し、直径二〇～二四ミリメートルに成長すると、そのひとつが破れてなかの卵子を放出します。これが排卵です。排卵に続いて直径四センチメートル前後の黄体がその濾胞内に形成され、妊娠中は維持されます。妊娠に至らない場合や分娩後には黄体はしだいに退縮し、直径数ミリメートルの白体となり、本種では卵巣中に終生残ると信じられています。卵が受精し妊娠が始まると、まもなく子宮内膜の下に毛細血管が発達し、続いて内膜に絨毛を生じます。その変化は一〜二ミリメートルの小さい胚の段階でも顕微鏡で確認できます[140]。

卵巣に黄体をもつマゴンドウの雌について妊娠の有無を調べたところ、一九歳以下では四六頭中四四頭（九六パーセント）が妊娠していましたが、二〇歳以上ではその割合が四二頭中二九頭（六九パーセント）と低下していました。妊娠に至らない排卵の事例が年齢とともに増加するのです[151]。マゴンドウの高齢雌では、その卵巣に発達途上のグラーフ濾胞も退縮途中の白体もなく、あるのは退縮の最終段階に達した古い白体のみの個体がめずらしくありません。これらの雌は、少なくとも直近の二年間は排卵しておらず、将来の排卵に備えた濾胞の発達も見せていないのです。このような雌は二八歳から出現し、四〇歳を超えた雌はすべてそのような状態にありました。彼女らは二〇歳代後半から三〇歳代中ごろにかけて、順次排卵を停止するものと理解されます[151]。タッパナガも同様と思われます[140]。

哺乳類では原始卵胞は胎児期に形成され、そのなかに卵母細胞が保存されています。成熟後は一部の原始卵胞はグラーフ濾胞に発達し、なかの卵母細胞は減数分裂を経て卵細胞となり排卵されますが、排卵に至らずに途中で退縮する濾胞も少なくありません。残りの多くの原始卵胞は退化して順次消滅します。原始卵胞は出生後は生成されないので、年齢とともに数が減少します。マゴンドウについて、卵巣中の原始卵胞の密度を調べたところ、四〜一四歳の未成熟個体に比べて、四〇歳以上の高齢雌では四パーセント以下に低下していました。そのような老化個体は二〇歳代の末から現れました[151]。同様の現象は更年期以後のヒトの女性でも知られています。

このような一連の研究により、コビレゴンドウの雌にはヒトの女性と同様に更年期とそれに続く老齢期があると信じられるようになりました。英語圏の鯨類研究者はこの現象をmenopauseと表現しています。Menopauseとは月経閉止や更年期を意味するようで、「閉経」と訳されることもあります。しかし、鯨類には月経という生理現象がないことを記憶する必要があります。

老いてさかんな雌

コビレゴンドウの繁殖行動の一端を見るために、雌に交尾をした形跡があるか否かを調べました[132]。マゴンドウは太地の追い込み漁で三月と一〇月に捕獲された三群中の雌三四頭です。この個体群では受胎の山が五月に、谷が一一月にありますから、標本は交尾の盛期を外れています。これに対して、タッパナガの標本は交尾盛期の一〇～一一月に小型捕鯨船が鮎川沖で捕獲した五三頭です。なお、タッパナガの受胎の谷は四～五月と推定されています。子宮内液をとってホルマリンで固定して検鏡し、形が崩れた精子の残骸は無視して、完全な形の精子の密度を調べました。

追い込みから〇～二日目に解体されたマゴンドウの成熟雌の六一パーセントに精子がありましたが、四日目には一三パーセントに低下しました（三日目はデータなし）。ヒトの精子の寿命は子宮内では八五時間が限界といわれますから、コビレゴンドウもこれに近いのかもしれません。なお、未成熟雌三頭（六歳以下）の子宮には精子がありませんでした。以下ではタッパナガとマゴンドウを一括して、子宮内に精子の出現した成熟雌の性状態や年齢を解析します。

排卵直前と思われる直径二二ミリメートルのグラーフ濾胞をもった雌一頭と、排卵直後の黄体をもち胎児のない雌一三頭、合計一四頭の雌のうちの一〇頭に精子がありました。彼女らは発情か、それに近い状態にあったのですから当然でしょう。

妊娠雌一二頭のうち一一頭に精子が出現しました。その胎児の大きさは一・五～一三三ミリメートルでした。このような妊娠初期の胎児の成長はよくはわかりませんが、一三センチメートルの胎児の齢は少なくとも一～二ヵ月はあるでしょう。その母親が妊娠という目的には無益な交尾をしていたのです。胎児がこのサイズになると羊膜がじゃまをして子宮内液をとりにくいのですが、無理をしてでも、もっと大きな胎児をもつ子宮を検査しなかったのが悔やまれます。

先に紹介した以外の成熟雌五六頭はいずれも「泌乳」状態か、泌乳も妊娠もしていない「休止」と呼ばれる状態にありました。そのうちの三頭は直径一二～一四ミリメートルの中くらいの大きさのグラーフ濾胞をもち、一頭（四一歳）には精子が見られました。これらの濾胞がはたして健全なものか、排卵まで何日を要するのかもわかりません。残りの雌五三頭は泌乳か休止の状態にあり、濾胞のサイズはいずれも五ミリメートル以下で、卵巣は明らかに不活発でした。これらの雌を三五歳以下と三六歳以上に分けて、子宮内精子の出現状況を見ると次のようになります。三五歳以下の雌では四二頭中一一頭（二六パーセント）に精子が認められ、三六歳以上でも一二頭中三頭（二五パーセント）と同様の頻度で精子が出現し、その最高齢は四四歳でした。

コビレゴンドウの雌が発情時に交尾をするのは当然ですが、すでに妊娠している雌も、濾胞が未発達で排卵に遠い雌も、さらには老齢期にあり排卵能力を失った雌も交尾をしているのです。その相手の雄はだれでしょうか。マゴンドウの群れは母系の個体よりなり、繁殖はほかの群れとの間でなされることが胎児の遺伝解析により知られております（前述）。また、個々の群れが頻繁にほかの群れと離合して、そのような機会が得られることが大西洋産のコビレゴンドウの継続観察で知られています（前述）。おそらく、二つの群れが合流したときに、相手の群れの異性との間でセックスパーティーが開かれ、老齢雌や妊娠の可能性のない成熟雌もそれに参加するのではないでしょうか。もしも、老齢雌が交尾相手をめぐって自分の娘たちと争うことになれば、それは自身の繁殖にとっても自殺行為でしょうが、雄の交尾能力には余裕があると思われます。

コビレゴンドウやシャチのセックスパーティーのもっとも重要な機能は妊娠でしょうが、ほかにも機能があるかもしれません[17]。そのひとつは、多くの雌が受け入れ態勢にあるため、雄はだれもが交尾の機会を得て、雌をめぐる雄同士の争いが回避される効果です。ピグミーチンパンジー（ボノボ）は、餌料配分などで群内に緊張が高まったときにセックスを交わして緊張を解くといわれています。ヒトではセックスの主たる目的は楽しみや親しさの表現です。第二に、敵意のないことや友好の印としての握手やお辞儀と同様の機能が交尾に期待されます。第三に、老齢雌の交尾相手が春機発動期にある血縁の少年たちであるかもしれません。その場合には、自分の息子や孫に性的な訓練を施すという効果が期待されます。

子宮内精子のＤＮＡ解析によってコビレゴンドウの交尾相手の雄が特定できれば、これらに回答が得られ、すばらしい知見になります。

長い授乳期間

鯨類の繁殖周期の解析では、子どもの離乳年齢と母親の泌乳期間が同じと仮定する場合が少なくありません。ハンドウイルカの雌が孤児に授乳した記録はありますが、そのような特異な例は別として、多くの母イルカは自分の子どもに授乳すると考えられるためです。しかし、アフリカゾウやハイエナなどの母系社会では、子どもたちは母親以外の雌からも乳をもらうといわれています。これが共同保育です。コビレゴンドウも母系の群れに生活しますので、共同保育の確認はありませんが、否定もできておりません。とりあえずは雌の泌乳期間と子どもの哺乳期間（離乳年齢）を区別するのが安全でしょう。

マゴンドウの交尾期は一月から九月までと長く続き、受胎のピークは五月にあります。その妊娠期間は胎児の体長組成の季節変化を追跡して約一五ヵ月と推定されていますので、出産のピークは翌年の八月となります。そのため海中にはつねに二シーズン分の妊娠雌がおり、その重複は二月ごろに最小で七〜八月に最大となると計算されます[18]。このような妊娠個体の比率の季節変動を補正して平均繁殖周期を推定することが行われました。その結果、精度に若干問題がありますが、三五〜三六歳以下のマゴンドウやタッパナガでは平均泌乳期間は二・四〜三・一年、平均出産間隔は五年程度と推定されています。

漁獲物から哺乳期間を推定するには子イルカの胃内容物を検査しますが、捕鯨船は大きい個体を選んで捕獲しますので、タッパナガの幼児は捕獲されず、この方法は使えません。追い込み漁では群れ全体が捕獲されることが多いのですが、調査は私が一人で行い、胃内容物までは手が回らないことが多くありました。運よく調査できた幼体八頭について見ると、その一頭（〇・五歳未満）の胃には固形食の痕跡がなく、残る七頭（〇・六～四・〇歳）には全個体にイカのくちばしが認められました。さらに後者のうちの三頭（二・一～四・〇歳）からは乳汁も検出されました[131]。彼らは生後半年程度で固形食をとり始め、四歳まででは乳を飲むことがあるのです。

マゴンドウが何歳まで乳を飲むかについては、別の方法でも推定されました。それは追い込み漁で捕獲された群れのなかの泌乳中の雌の数と、幼い子どもの数とを突き合わせる方法で、解析には三六歳以上の雌も含まれます。ここで「群れ」というのは一度の操業で捕獲された個体の集まりで、一ないし複数の母系よりなることがDNAの解析で知られています（前述）。追い込み漁業者の言を信用し、一頭も逃さずに追い込んだとされる一二回の群れについて解析したところ、早熟な個体では二歳で離乳し、半数離乳年齢は四歳ごろという結果が得られました。この結果は先に紹介した胃内容物の検査結果とは矛盾しません。群中の泌乳雌の数と子どもの齢構成との対比からは、さらに奇妙な事例が認められました。それは雄のなかには七歳から一五歳まで乳を飲んでいたと判定される個体が出現したことです。ただし、群中の泌乳雌の数と幼児の数を突き合わせる、このような解析は次の場合には無意味です。①共同保育がなされる場合、②離乳は年齢順とは限らない場合、③沖に取り残された子どもに追い込み漁業者が気づかない場合。

そのような疑問を検証するために、老齢雌の泌乳状況を調べてみました。マゴンドウの最終妊娠は早ければ二八歳ころ、遅い個体でも三五歳です（前述）。そこで、三六歳以上で泌乳していた雌をピックアップしてみたところ、前述の一二群のうちの七群にそのような高齢泌乳雌がおり、一〇頭が該当しました。彼女らの年齢は三六～四〇歳が三頭、四一～四五歳が四頭、四六～五〇歳が三頭で、最高齢の泌乳雌は五〇歳でした。[18] 彼女らが何歳で最後の出産をしたかはわかりませんが、妊娠活動を終えたあと、一〇～一五年も泌乳を続ける雌がいることはまちがいないのです。少し想像が入りますが、群れのなかでその乳飲み子らしい個体を探ってみると、雌が二頭（七～八歳）と雄が七頭（五～一四歳）ありました（一頭は判断不能）。

マゴンドウには数年から十数年におよぶ長期の泌乳がありうることをこの解析は示しています。彼らの幼児は生後半年ほどで固形食をとり始めますが、離乳が完成するのは早くて二歳、平均四歳前後、遅い個体では一〇歳前後あるいはそれ以上と私は考えています。また、老齢期の雌は自分の末子に長期間の授乳をすることがあるように思われます。なお、タッパナガ型では泌乳雌の最高齢は四三歳で、マゴンドウとの違いは確認できません。このような推定に際しては、他鯨種から得られた次のような情報も助けになりました。

長期哺乳――他鯨種にも

南アフリカでは研究用に特別許可を得て、捕鯨規則（第7章1節）にとらわれずにマッコウクジラの群れを丸ごと捕獲したことがあります。[79] それによると、〇～〇・五歳児の胃には固形食の形跡がなく、二歳以上の個体はすべてが固形食の残滓をもっていました。哺乳の証拠として乳糖の検出を試みたところ、未成熟の雌五頭（〇～七歳）と雄七頭（〇～一三歳）の胃から乳糖が検出されました。マッコウクジラは〇・五歳から二歳の間で離乳が始まりますが、個体によっては一〇歳すぎまで乳を飲むことがわかります。この研究では、成熟個体は乳糖の検査対象となっておりませんので、成熟個体が乳を飲むか否かは不明です。

フェロー諸島では古くから追い込み漁でヒレナガゴンドウが捕獲されていましたが[142]、これに対する外部からの懸念に対処するために国際的な研究組織が活動しました。そこで得られた結果によれば、固形食が確認されるのは生後五・五ヵ月（雄）ないし六・〇ヵ月（雌）以上で、哺乳が確認されたのは未成熟個体では七歳（雄）ないし六歳（雌）まででした。このデータも離乳過程が長期にわたることを示しています。しかし、妊娠中の一二歳の雌の胃に乳汁が認められたのは意外で[92]、ヒレナガゴンドウの社会行動を理解するうえでたいへん興味深いのですが、さらなるデータの蓄積が待たれます。

4　ヒレナガゴンドウ――北太平洋では絶滅

多くの研究者の努力により、現在の北太平洋にはヒレナガゴンドウが分布せず、ゴンドウクジラ属の種としてはコビレゴンドウ一種が生息し、それはマゴンドウとタッパナガに分けられることがわかりました。しかし、この海域にヒレナガゴンドウが生息した過去があるのも事実です。彼らがどこからやってきたのか、なぜ消えたのか、それらはいつのことか。これらの解明は将来に残された課題です。今のわれわれの知識を整理してみましょう。

一九七四年の初めのころ、北海道大学の北方文化研究施設の大場利夫教授が海洋研にいた私のところに見えました。礼文島の香深井A遺跡という八世紀から一二世紀にまたがるオホーツク文化の遺跡から出土した海生哺乳類の同定の依頼にこられたのです。拝見した写真のなかにはヒレナガゴンドウと思われる頭骨がありました。私はたいへん興味をひかれて作業を引き受け、同年の五月に北海道大学でそれら遺物の同定作業を行いました。同じ文化期の礼文島の元地遺跡（一一世紀から一三世紀まで）から出土した頭骨を含めて、保存状態のよいヒレナガゴンドウの頭骨が五頭確認できました。

オホーツク文化は五世紀から一三世紀まで南樺太・南千島・北海道北部沿岸に栄えた文化で、漁業に依存していました[199]。香深井A遺跡からは多数の鯨類の骨が出土し、大型クジラにはセミクジラ、イワシクジラ、ミンククジラ、ザトウクジラ、マッコウクジラの五種が、小型鯨類ではオキゴンドウ、ゴンドウクジラ属、カマイルカ、ネズミイルカ、イシイルカ、アカボウクジラ科一種の六種が確認されました。イルカ類だけを見ると、時代が下がるにつれて大型のゴンドウクジラ属の比率が上がる傾向が認められました[14]。当時の人々がこれらの動物を積極的に捕獲したことは、同じ遺跡から骨製の銛先などの漁具が出土し、同じ文化期のほかの遺跡からは小舟からクジラやイルカに銛を打つ情景を描いた遺物が出土していることからも明らかです[17]。

これが契機となって数年前の出来事を思い出しました。それは国立科学博物館の長谷川善和氏の研究室で見たヒレナガゴンドウの半化石の頭骨です。おもしろい骨ですねと申し上げたところ、「ありふれたものですよ」との返事でした。あらためて電話をして私の関心を話したところ、その頭骨は館山の安房博物館から依頼された頭骨で、鑑定をすませて、同博物館に返却したとのことでした。先方の担当者を紹介していただき、計測することができました。その標本は館山市の平久里川の河床から出土した完全な頭骨で、伴出したサンゴやカキ殻の放射性同位元素^{14}Cの分析により、年代は六三〇〇年ないし六四〇〇年前の縄文海進（第6章2節）のころとのことでした。

私は一九七五年三月に単身で南米のオリノコ川のアマゾンカワイルカの調査に出かけ、その帰途にワシントン市のスミソニアン博物館に立ち寄り、チリ産と北大西洋産のヒレナガゴンドウ二四頭と、北大西洋産コビレゴンドウ一三頭の頭骨を計測しました。これらに日本産のコビレゴンドウ二四頭を加えて解析し、礼文島と平久里川で見つかったゴンドウはいずれもヒレナガゴンドウであると判断しました[115]。

今世紀に入ってからは、アリューシャン列島の東端のウナラスカ島の三五〇〇年前から二五〇〇年前までにまたがる遺跡から出土した骨が、ヒレナガゴンドウであることが生化学的な手法で判明しています[99]。

過去の北太平洋にはヒレナガゴンドウが生息していたことが知られました。その年代は、今からおよそ六四〇〇年前、三〇〇〇年前、一〇〇〇年前の三回です。この五〇〇〇年前後の期間に生存が続いたのか、絶滅と再建が繰り返されたのかは不明です。北太平洋のヒレナガゴンドウの最後の一頭の死因がなにであれ、人類による漁労活動が個体数の減少を助け、絶滅の機会を増したことは疑いないでしょう。これらの個体が温暖期に北極海を通って北大西洋からきたのか、それとも寒冷期に東部熱帯太平洋の低温域を伝って南太平洋からきたのか、生化学的な手法で解明されることが期待されます。

第7章　ハクジラ類の社会と高齢個体の役割

1　老齢期を生きる雌

日本近海のコビレゴンドウにはマゴンドウとタッパナガの二つの地方型があります（第6章2節）。それらの雌に長い老齢期があることが鯨類では初めて報告され、驚きをもって迎えられました。その後の研究で、同様の例は他種でも認められ、ハクジラ類では必ずしもまれな現象ではないことが知られつつあります。

そのような種としては、コビレゴンドウのほかにオキゴンドウとシャチが加わり、可能性はあるがさらなる確認が望まれる種としてヒレナガゴンドウとマッコウクジラがあります。これらの研究では個体識別ないしは、歯の年輪を数えることで年齢を知り、それと出産能力の関係を解析して結論を得ています。

一方、シロイルカとイッカクにも老齢期があるとする研究があります[94]。しかし、これら二種の年齢推定の方法はやや異なるのが気になります。シロイルカでは、卵巣中の黄・白体数を年齢の指標にしています。黄・白体数は過去の排卵数の指標ですから、繁殖履歴と独立でないという懸念があります。イッカクの場合には眼球の水晶体のアスパラギン酸のラセミ化の程度から年齢を推定しています。アスパラギン酸は出生時にはすべて左旋性の分子で占められますが、時間とともに右旋性の分子が増加して、最終的には両者が平衡状態に至ります。その変化速度は温度にも影響されます。これら二種についてはさらなる確認が得られるまで、とりあえず判断を保留したいと思います[18]。

本節では、老齢期が確認され、あるいは予測されているこれらの鯨種について、コビレゴンドウの知見と比較しつつ、われわれの知識の現状を紹介します。

コビレゴンドウ——雄は短命

コビレゴンドウの老齢雌はどのような状態にあるのか、どのように生きているのか。前章の記述から関係情報を抽出してみます。

①老齢期は二五年ほど。雌は九歳前後で最初の排卵を経験し、多くはただちに妊娠します。妊娠個体は三五〜三六歳以下に出現し、雌の最大寿命は六一〜六二歳です（マゴンドウとタッパナガで確認）。

②成熟雌の四〜六頭に一頭が老齢雌。全成熟雌に占める三五歳以上の雌は、追い込み漁で獲られたマゴンドウで二八パーセント、捕鯨船で撃たれたタッパナガでは一六パーセントを占めていました。

タッパナガで低率な理由はわかりませんが、かつての乱獲から資源が回復途上にあった可能性や、高齢雌は捕鯨船から逃げじょうずな可能性も疑われます。

③若い老齢雌。早い個体は三〇歳前後で老齢期に入ります。卵巣にグラーフ濾胞の発達がなく、過去の排卵で形成された白体はすべて最終段階まで退縮していて、「排卵・妊娠を終えて久しい」と判断される雌は三〇歳前後に初出し（マゴンドウで確認）、四〇〜四一歳では全個体がそうなります（マゴンドウとタッパナガで確認）。

④原始卵胞の減少。卵巣中の原始卵胞の密度が若齢時の四パーセント以下に低下した雌は二〇歳代末に初出し、四一歳以上ではすべてそのような状態にありました（マゴンドウで確認）。同様の現象は閉経後のヒトの女性でも認められます。卵母細胞を包む原始卵胞は胎児期に形成され、生後は退縮と排卵によってしだいに数を減じますが、皆無とはなりません。

⑤雄は短命。雄は雌よりも一五年も短命です。彼らは一〇歳前後で精子形成を始め、平均一七歳で繁殖機能を得て、睾丸重量は二五歳ごろまで増加を見せ、最大寿命は四四〜四五歳です（マゴンドウとタッパナガで確認）。

⑥母系社会に生きる。娘も息子も母親の群れに留まり、繁殖は群外の異性との間で行われるようです（マゴンドウで確認）。

北米東岸のシャチ——雄は短命

北米東岸のワシントン州からアラスカにかけての沿岸に生活するシャチには二つの型が知られていま

す。ひとつは海生哺乳類を捕食しつつ沖合に生活する「トランジェント」（さすらい型）と呼ばれる型です。もうひとつは産卵遡上に接岸するサケ・マスを食べて沿岸域を南北に移動している「レジデント」（定住型）と呼ばれる型です。これらについては、一九七三年から個体識別による研究が続けられ、二つのタイプは若干の形態的な違いに加えて、社会行動も異なることが知られています。以下に紹介するのはレジデント型に関する知見です。

一九八一年一一〜一二月に国際捕鯨委員会（ＩＷＣ）の主催で鯨類の繁殖に関する研究会が米国のサンディエゴで開かれました。そのときに私はマーシュ氏と共著で日本のコビレゴンドウに関する論文を発表しました[131、151]。その議論のなかでレジデント型のシャチにも、日本のコビレゴンドウと同様に老齢期があるかもしれないという話が出ました。七年間もの継続観察のなかで授乳も出産もしない成熟雌が少なくないというのです[82]。

その後、このシャチに関する詳細な解析が発表されました[83、174]。そのデータは一九七三年から一九八七年までの一五年間の観察によるものですから、出生年がわからない個体が多いのは当然です。その場合には、初産年齢やもっとも高齢の子どもの年齢から逆算するなどして年齢を推定しました。雄については性成熟と背鰭の高さの関係をもとに年齢を推定しました。このような手法ですから、最大寿命などの限界値の信頼度については警戒が必要と考えます。

レジデント型の雌は平均一三歳で成熟し、最大寿命八〇歳まで生きると推定されています。老齢期の雌は二〇〜三〇歳で初出し、五〇歳ではほぼ全個体が老齢期にあると判定されました。このシャチの集団では雌は遅くとも五〇歳までに老齢期に入り、最高八〇歳までの三〇年近い老齢期を生きるのです。

雄は平均一五歳で成熟し、最大寿命は五〇年ないし六〇年とされています。雌に比べて雄が短命である特徴はコビレゴンドウと共通しますが、マッコウクジラとオキゴンドウとは異なる特徴です。

彼らの群れは息子と娘を含む数世代の母子が同居する母系社会であり、息子は成熟後も母親と同居する点でコビレゴンドウに共通します。このレジデントと呼ばれる集団はさまざまな程度に親しさを異にする一九個の群れよりなり、その歴史をたどればひとつの母系に行き着くと推定されています。個々の群れの大きさは四〜六六頭（平均三〇頭）でした。コビレゴンドウと同様に、複数の群れが合流したときに他群の雌雄との間で交尾が行われると信じられています。

オキゴンドウ——雄も長寿とは

オキゴンドウについては壱岐のイルカ騒動（第8章）で駆除された六群と南アフリカで集団座礁した一群からデータが得られました[15、95、178]。雌は八〜一〇歳で成熟し、妊娠個体は四三歳まで出現し、泌乳雌は五三歳まで認められました。四四歳から最大寿命六二歳までの二三頭のなかには、妊娠個体は出現せず、排卵は四七〜四八歳で停止するとされています。最終妊娠年齢と最大寿命の差は一九年です。

この研究では平均余命の解析にもとづいて、老齢期の長さはコビレゴンドウよりは短いが、アフリカゾウ程度の長さではあると結論しています。そのようなめんどうな計算の代わりに、成熟雌のなかに占める老齢雌の比率を求めると、それは二五・八パーセントで、マゴンドウの値の近くにありました。いずれの値も標本の年齢組成に影響される性質のものです。

雄についても興味ある知見が二点あります。第一は、コビレゴンドウと違い、雄の最大寿命が五九歳で、雄雌が同程度に長寿を生きることです。第二は、得られた標本のなかには八歳から一六歳までの雄が完全に欠けていることです。睾丸組織を見ると、八歳未満の雄はほぼ全員が「未成熟」で、一七歳以上の高齢雄は「成熟」ですから、欠けているのは春機発動期にある個体と判断されます。これは、離乳が完成して性成熟が近づくと、息子たちは母親の群れを離れることを示唆しています。もしも事実であれば、母親といつまでも行動をともにするコビレゴンドウやシャチの息子たちと大きく異なります。さらなるデータの集積が望まれます。

オキゴンドウは雌雄とも長寿であることと、春機発動期の雄が母親の群れを離れるらしいことの二点は、後述するマッコウクジラにも共通します。ただし、オキゴンドウの群れには複数の成熟雄が含まれているという点でマッコウクジラと異なります。成熟雄同士が協力関係にあるのかもしれません。彼らの社会行動解明に際して注目したい特徴です。

ヒレナガゴンドウ――結論は将来に

本種の年齢と性状態に関する情報はフェロー諸島の追い込み漁で得られました[152]。この漁業の歴史は長く、二〇世紀に入ってからも年間一〇〇〇～二〇〇〇頭の捕獲が続きました[110]。その影響で、年齢構成に占める若齢雌の比率が高くなっている可能性があります。

ヒレナガゴンドウの雌の多くは七～八歳で成熟し、五九歳の最大寿命を生きる点ではコビレゴンドウと大差はありません[84]。成熟雌のなかに占める妊娠雌の割合は年齢とともに緩やかに低下することから、妊娠能力は年齢とともに低下すると解釈されていますが、それはイルカ類に一般的な現象であり、問題は妊娠率低下の程度にあります。

このヒレナガゴンドウの標本には四一歳以上の雌が三三頭含まれていました。そのうちの二頭（四一歳と五五歳）が妊娠しており、ほかの二頭（四三歳と四四歳）は卵巣中に若い白体をもち、最近排卵したが妊娠しなかったものと判断されます。この研究の著者は四〇歳以上で妊娠する個体はまれであると述べていますが、老齢期の存在を認めておりません。

かりに、ここでピックアップされた三三頭から、五五歳で妊娠していた一頭を除外すれば、本種の雌の多くは四〇歳前後で最後の妊娠を経験し、若干の個体は四五歳ごろまで排卵をし、最大寿命五九年を生きると解釈できます。この特徴は前述のオキゴンドウと大差がありません。

ここで問題となるのは、五五歳で妊娠していた一頭の雌を重視するか、反対にこれを異常値と見て、排卵をやめたか排卵はしても妊娠に至らない雌が四〇歳以上に数多くあることを重視するかです。今後、データを増やして解析を行うことは大切ですが、本種にもオキゴンドウ程度の老齢期があることが完全には否定されてはいないと私は考えております。

ヒレナガゴンドウの雄は平均一七歳で成熟し、睾丸の重量増加は二五歳ごろまで続き[93]、最大寿命四六歳まで生きます[84]。これらの点ではコビレゴンドウと差がありません。成熟雄の睾丸重量は一〇～一二月に最小、三～九月に最大となり、約一・五倍の季節変化を示します。これは繁殖の季節性が著しいことを反映したもので、コビレゴンドウと異なる点です。寒冷域に生活する種の特性でしょう。

ヒレナガゴンドウの社会行動については、コビレゴンドウやシャチと同様に両性とも母系群に生活し、繁殖は他群との間で行われることが遺伝解析[73]から推測されています。これはマッコウクジラや、おそらくはオキゴンドウとも異なる特性と思われます。

南アフリカのマッコウクジラ――年齢構成に捕鯨の影

マッコウクジラの年齢と繁殖率の関係については南アフリカの沿岸捕鯨から情報が得られました[79]。国際捕鯨取締条約は幼いクジラや子どもを連れた母クジラの捕獲を禁じています。その結果、おおよそ一〇歳以下の成長途上の個体は捕獲されにくいうえに、漁獲物のなかに占める泌乳個体の比率が、洋上における値よりも小さくなる可能性があります。また、この南アフリカの海域では、一八世紀からの帆船捕鯨に続いて、汽船に搭載した砲から綱のついた銛を発射する「ノルウェー式捕鯨」が一九一〇年代から行われ、年間五〇〇～一〇〇〇頭のマッコウクジラの捕獲が続きました、その後、第二次世界大戦後の世界的なマッコウ油の需要増を受けて、一九五〇年代からは年間一〇〇〇～二〇〇〇頭の捕獲が記録されています[81]。これらの操業が資源の年齢構成に与えた影響は未解明です[183]。

南アフリカ沿岸のマッコウクジラの雌は平均九歳で成熟し、母系の群れに生活して、六五年の最大寿命を生きます。一九六二年から一九六五年までと一九六七年の五漁期に捕獲され、科学者が調査した七二五頭の成熟雌の年齢範囲は五歳から六一歳にあり、そのなかで妊娠個体の比率は年齢とともに低下し、妊娠中の雌は四一歳以下に限られていました[79]。四二歳以上の二二頭（全成熟雌の三パーセント）の組成は、泌乳が六頭（四八歳以下）と妊娠も泌乳もせず「休止」と呼ばれる状態が一六頭でした。これら全成熟雌を含めた平均出産間隔は五～六年ですから、老齢雌には孫や曾孫を見る機会も期待されます。

マッコウクジラの雌は最大寿命まで二〇～二五年ほどを残して、遅くとも四〇歳ごろには繁殖を停止することが先のデータから明らかです。しかし、データで見る限り、そのような老齢雌が成熟雌のなかに占める割合は三パーセントと高くはありません。しかし、これをもって、マッコウクジラの社会における老齢雌の比重は無視できる程度に低いと結論するのは早計かもしれません。

南アフリカ産のマッコウクジラ標本の年齢組成を見ると一〇歳から緩やかに右上がりとなり、二〇歳で不明瞭なピークに達し、そこから三〇歳ごろにかけて右下がりの急勾配となります。二〇歳から三〇歳に至る中年域の見かけの年間死亡率は九〜一〇パーセントで、三〇歳以上の高齢域よりも明らかに高いのです。これは、高齢域の死亡率は中年域の死亡率に比べて高いという、哺乳類に一般的な現象の逆で不自然です。

この年齢組成については、標本が得られた時点から二〇年前、おおよそ一九四五年ごろに捕獲が急増して死亡率が高まり、その結果、右下がりの急勾配が形成されたと解釈することも可能です。二〇歳以下の若齢個体が少ないのは、乱獲の影響で出産数の低下が関係しているかもしれません。南アフリカ沿岸のマッコウクジラ個体群における老齢雌の比重を評価する際には、このような人為要因や捕鯨規則(前述)による年齢構成の偏りにも配慮する必要があると思います。また、証拠はありませんが、高齢雌は捕鯨船からの逃げ足が速い可能性についても記憶する価値があると思います(前述のタッパナガ参照)。

一方、マッコウクジラの雄の最大寿命は六五歳で、雌と異なりません[78]。彼らは一〇歳前後の春機発動期に母親の群れを離れて、若い雄同士が群れをなして生活します。その後、二〇歳ごろから雄は単独生活に入り、繁殖活動に参加します。これが社会的成熟と呼ばれる段階です(第7章2節)。

2 ハクジラ類の繁殖戦略——雌雄の違い

前節では若干のハクジラ類の種において、雌は繁殖活動を停止したあと二〇年ないしそれ以上も生きる事例を紹介しました。本節では、そのような社会構造がどのようにして形成されたのか、ハクジラ類の雌と雄の繁殖戦略に関する考え方を紹介します。

雌の戦略——母系社会への道

ハクジラ類とヒゲクジラ類を問わず、多くの種では、雌の繁殖能力はほぼ生涯にわたって維持されています。別の表現をすれば、繁殖力が尽きた雌はまもなく死ぬのです。スジイルカでは妊娠雌の最高齢は四八歳、最大寿命は五七歳で、ハンドウイルカではそれらは三八歳と四五歳です（第4章）。いずれの種でも老齢期の長さは七〜九年であり、成熟雌のなかに占めるそのような高齢雌の割合は三〜四パーセントにすぎません。[17]

かりに、スジイルカのようなイルカの集団のなかに、妊娠を終えたあとに長い寿命を得た雌が、たまたま現れた場合を考えてみましょう。その形質がそこに定着するには、彼女はほかの雌よりも多数の子どもを残さなければなりません。しかし、若いときの繁殖・育児能力に差がなく、たんに老後の生命力を得ただけではそれは不可能です。最悪の場合には、「むだ飯食い」として、自分の子どもたちを含む集団にとっての有害要素とさえなりかねません。長い老齢期をもつこと、それだけでは生存競争に勝ち抜いて、同じ特徴をもつ子孫を増やすことはできないのです。しかし、ハクジラ類の複数の種がこの問題を解決してきたのも事実です。そのような社会に共通する特徴として、私は母系社会の形成をあげたいと思います。母系社会の特徴や機能についての検討に入る前に、若干の寄り道をしてみましょう。

ハクジラ類では、社会構造の複雑化にともなって育児期間が延長される傾向があります。イシイルカでは出産から二〜三ヵ月以内に次の子を受胎し、その胎児が生まれる前に前年の子を離乳するのが普通です。これに対してマイルカ科の多くの種では、平均授乳期間が一・五〜二年に延びています。授乳中に次の妊娠に入る個体も少しはありますが、大部分の雌は離乳後、しばらく休んでから次の妊娠に入ります。そのままでは出産間隔が長くなり、生涯出産数が著しく低下しますので、長寿化がもたらされたのでしょう。生後三年ほどで成熟し、ほぼ毎年出産しつつ、最大一五年の寿命を生きるイシイルカに対して、平均出産間隔が三年前後のスジイルカやハンドウイルカでは八〜九歳で成熟し、最大寿命は四〇〜五〇年と延長されています。

長い寿命を得た母親が時間をかけて育児をする利点はなんでしょうか。その第一は、母親が集積した経験や知識を育児に役立てることであり、第二はそれを子どもに伝授することでしょう。それによって、子どもの死亡率が低下するならば母親の繁殖にとってプラスとなります。産むよりも育てる方向に母親の繁殖努力の比重が移っている種がハクジラ類では少なくないのです。これはヒゲクジラ類と異なる特性です。

外洋性のスジイルカの場合、離乳後の子どもは母親のいる大人群を離れる傾向があり、その傾向は雄に顕著です（第4章4節）。しかし、大人群の組成を見るとその裏も見えてきます。つまり、少なくない数の子どもたちが大人群に残っており、少年よりも少女にその傾向が強いのです。沿岸性のハンドウイルカの集団では、離乳後の子どもたちは母親と一緒にいることが多いとか[103]、母とその娘がそれぞれの子どもを連れて一緒に行動するなどという、老母と娘と孫の共同生活の事例が観察されています[90]。私は、そこに母系社会への萌芽を認めます。

「産児よりも育児」というハクジラ類の雌の戦略の流れのひとつの頂点に位置するのが前節で紹介した、老齢雌をもついくつかの鯨種でしょう。これらの鯨種に共通する特徴は、母系の血縁社会が形成されていることです。その年齢構成と繁殖サイクルから見て、三～四世代が同居していると想像されます。そこの雌たちは種により多少の違いはありますが、三五歳ないし四〇歳までに繁殖を停止したあと、六〇歳ないしそれ以上の最大寿命を生きるのです。彼女らは繁殖能力を失ってはいるものの、それまでの生活で得た知識や経験を生かして、若い血縁個体の生存や繁殖に貢献しているのではないでしょうか。老後の寿命を生きることで、自分の子孫の繁栄に貢献しているのです。その結果、老齢期を有するという遺伝特性を子どもたちが受け継いでゆくことになります。

老齢期の雌が群れの血縁メンバーの生活にどれほど貢献しているのか、その具体的な情報は前節で紹介したレジデント型のシャチで得られています。この集団は一九個の母系群よりなり、それぞれが近縁度に応じて合流したり離れたりして暮らしていますが、彼らが餌料とするサケ・マスの探索に際しては高齢雌が群れを先導する傾向があり、餌の来遊が少ない年には、その傾向が顕著になると報告されています[86]。

さらに、三〇歳以上の子どもの死亡率を、老齢期にあるその母が生存している場合と、死亡した場合とで比較したところ、老母に死なれた子どもの死亡率は息子で一三・九倍、娘で五・四倍に増加したと報告されています[97]。息子も娘も老母に依存してはいるものの、その依存度は息子のほうが著しいと解釈されます。別の視点に立てば、シャチの母親は娘よりも息子の世話に力を入れているとも解釈できます。立派に成熟した一頭の息子は多数の雌と交尾をして多くの孫を残してくれます。その総数は一頭の娘が産む孫の数よりも多いに違いありません。息子の交尾の相手は別の母系群の娘たちです。他人の娘に産ませて自分の孫を多産するというシャチの母親の戦略は理にかなっています。

動物行動学では、遺伝によらずに学習や経験によって集団のなかに保持される情報や行動様式を「文化」と呼びます。老齢雌は、群れのなかや群れの集合体である集団のなかで、文化の保持者として貢献している可能性があります。先に述べたレジデント型もそのひとつですが、世界各地にはいくつもの「生態型」と呼ばれるシャチの集団が知られております[65]。彼らは集団ごとに、海生哺乳類、サケ・マス、サメ類などと、それぞれ食性が定まっています。

一九七九年のことですが、一群のシャチが和歌山県太地の追い込み漁で捕獲され、町立くじらの博物館がそのなかの五頭を購入して餌付けを試みました[42]。餌料としてはイルカの肉や各種の魚類など飼育担当者の考えるさまざまな餌を試みました。一番小さい一頭は九日目に小サバで餌付きましたが、残りの個体は与えられた餌を嚙み砕くことはあっても飲み込みませんでした。二四日目には彼らの餓死が危惧される事態になり、思い切って七キログラムの頭付きのビンナガマグロを二枚におろして与えたところ、たちまち餌付いたのです。若いときからなじんできた食物にこだわるのも彼らの文化です。北米西岸のトランジェント型に似て、アザラシを食べるシャチが北海道周辺にいることが知られていますが[65]、紀州方面には異なる食文化をもつシャチの集団がいるようです。

雄の戦略——垣間見られる多様な方向性

妊娠能力を失った雌が長い老齢期を生きる事例が数種のハクジラ類で知られています（第7章1節）。そのような種について、最大寿命を雌雄で比較してみましょう。コビレゴンドウの二つの型では、雄の最大寿命は四五年前後で雌よりも一五年ほど短命です。北大西洋のヒレナガゴンドウも同様であり、シャチの雄も最大寿命が四〇歳で雌の半分ほどです。おそらく、これらの雌は繁殖活動における力の配分を産児から育児に移す過程で、二〇年近い老齢期を獲得したものと推察されます（前述）。しかし、雄にはそのような淘汰が働くことがなく、スジイルカやハンドウイルカに見るような四〇年前後の最大寿命に留まっているのです。

コビレゴンドウなど、これら三種のイルカでは、なぜ雄の長寿に向けての選択が働かなかったのでしょうか。これらの社会では、二つの母系群が一時的に合流した際に、息子たちは他群の雌と交尾をします。そのために彼らは自分の子どもを認識することも、その育児に参加することもありえないのです。このことが雄には長寿化への選択が働かなかった理由と思われます。他群との間の性的な交流に際しては、排卵の迫った発情雌は魅力的な雄を交尾相手に選ぶかもしれません。その魅力を高める条件はまだ解明されていませんが、年齢ではなく大きな体や立派な背鰭などの二次性徴かもしれません。これらの種では雄の体長は、雌の二～三割ほど大きいのです[18]。

マッコウクジラの繁殖群も十数頭の成熟雌とその子どもたちからなりますが、先に述べた三種のイルカたちと異なり、息子たちは春機発動期のころに母親の群れを離れ、若雄同士の群れ生活を経て、成熟後は単独の生活に入ります。これは離乳後のスジイルカの子どもたちの行動を、著しく雄に偏らせてより極端にしたような行動です（第4章4節）。

マッコウクジラの成熟雄は、繁殖期には発情雌を求めて雌の群れを訪れて歩きます[78]。繁殖群を訪れる成熟雄は通常は一頭ですが、ときには雄が鉢合わせをして争いになることもあるようです[141]。春機発動期の若い雄が母クジラの群れを離れる、あるいは離れざるをえない背景には、このような繁殖雄の行動が影響しているかもしれません。

雌の群れが容易に見つかる限り、頻度の少ない雌の発情を期待して特定の繁殖群に留まるよりは、多くの群れを歴訪するほうが雄にとっては合理的なのです[149]。メルビルは自身の帆船捕鯨船での経験をもとに小説『白鯨』を書きました。そこでは、一頭の雄のマッコウクジラが多数の雌を引き連れているように描いていますが、これは今の解釈とは異なるようです。しかし、捕鯨によって雌の群れがごく少なくなるような事態のもとでは、雄の行動が変わるかもしれません。

マッコウクジラの雄の求愛ツアーの地理的な広がりは、自身の生まれた母系集団の行動域を越えて広いという推定があります。マッコウクジラの雄の体長は雌の体長の五割増しほどです。大きな体は交尾の機会をめぐる雄同士の戦いや、広域での繁殖活動において有利でしょう。マッコウクジラの雄も他種の例に漏れず、自分の子どもを認識する仕組みをもっていないことは確かですが、その最大寿命は雌と同様に六五歳で、長寿化を達成しています[172]。「今年はだめでも来年こそ」という細くて長い繁殖戦略の帰結かもしれません。

このようなマッコウクジラの雄の繁殖戦略は雌とは逆で、「育児よりも産児」を目指しております。そのために競争相手の雄を力で排除する戦術を採用しています。これと異なる「精子競争」という戦術が、同じ目的のために一部の種の雄で採用されているらしいのです[18]。それは大量の精液を子宮に注入して恋敵の精液を希釈してしまう戦術です。その過程で睾丸が大きくなりうるという解釈があります。例をあげると、伊豆半島でキンタマイルカとも呼ばれるマイルカは、体重が八〇キログラム前後でスジイルカの六〜七割にすぎませんが、その睾丸は左右合計で五キログラムもあり、スジイルカの睾丸の一七倍です[18]。ヒゲクジラ類では体重六十数トンのセミクジラの睾丸は左右合わせて九六〇キログラムもあり[18]、体重一〇〇トンに近いシロナガスクジラの睾丸八〇キログラムの一二倍です[200]。一方、腕力派の代表種とされるマッコウクジラの雄では、体長一六メートル、体重四八トンでも左右合計の睾丸重量は一二キログラムにすぎません[202]。脳重に対する睾丸重量の比はスジイルカ〇・二五倍、マッコウクジラ一・五倍、マイルカ六倍、セミクジラ三二〇倍と種間で大差があります。

乱婚ないしは雌優位の社会では、雄にとって雌を囲い込むことも競争相手を排除することも困難でしょうから、精子競争が有効かもしれません。将来、鯨類の繁殖様式と睾丸重量との関係が明らかにされることが待たれます。それはさておき、巨大な睾丸を体外に保持するのはじゃまなうえに危険でもあります。このような戦術は冷却のための循環系を備え、睾丸を腹腔内に収納した鯨類[77]でこそ可能なのかもしれません。

オキゴンドウの社会構造に関する情報は限られています。遠洋水産研究所（遠水研）の調査では、西部北太平洋で数百頭の群れもまれに発見されていますが、多くの群れは五〇頭未満で、一〇頭前後がその過半を占めていました[158]。オキゴンドウの最大寿命には雌雄差がなく、両性とも長寿を達成していることは確かなようです。群れの年齢構成を見ると、雌では未成熟から最高齢まで連続しており、不自然な欠損は認められません。しかし、成熟雌の群れには八歳から一六歳までの春機発動期の雄が完全に欠けていました（第7章1節）。これはマッコウクジラの若雄にも見られた行動ですが、壱岐産の六群のうち五群では、群れのなかに複数の成熟雄をもっていた点で、マッコウクジラと異なります[45]。

日本産のオキゴンドウの成長停止時の平均体長は雄が五・二〇メートル、雌が四・三六メートルで、雌雄差は大きくありません[95]。その睾丸重量は左右合計一二キログラム前後で、体長で三倍以上、体重で四〇倍近いマッコウクジラの睾丸（前述）にほぼ等しい大きさです。本種にも精子競争の歴史があるのかもしれません。オキゴンドウの社会構造や雄の繁殖戦略の多くは不明のままです。コビレゴンドウについては先に触れました（第6章3節）。

3　ツチクジラの不思議な社会——雌雄があべこべ

アカボウクジラ科はマイルカ科に次ぐ大きなグループです。ツチクジラはその一員で、北太平洋の周縁部とその縁海の温帯・亜寒帯域に生息します。南半球には近似種ミナミツチクジラが生息します。ツチクジラはマッコウクジラに次ぐ大きさで、アカボウクジラ科のなかではもっともよく研究され、その不思議な生活史が関心を呼んでいます。以下ではツチクジラの生活史の概要と、解釈に苦しむ諸点を紹介します。ハクジラ類にはこのような変わりものもあるということを理解してください。

研究手法

ツチクジラの研究材料の多くは、房総半島沖で七月から八月にかけて捕鯨船が捕獲した死体から得られました[129]。ツチクジラの肉のジャーキーは安房地方の伝統食品でした。この季節の房総沖では、ツチクジラは水深一〇〇〇メートルと三〇〇〇メートルの等水深線にはさまれた水域に出現します[122]。遠水研の南川真吾氏らは、この海域のツチクジラに深度計をつけて行動を記録し、その潜水は最大水深一七〇〇メートル、時間は平均四五分間、最長一時間におよぶことを明らかにしました[156]。彼らは海底近くにまで潜水して、深海魚やイカなどを捕食するのです。誤って石ころまで飲み込んでいることもまれではありません[18]。

雌雄の成長と繁殖

ツチクジラの妊娠期間は約一七ヵ月と推定され、鯨類最長と思われます。出生体長は四・六メートル前後です。

雌は年齢一〇〜一四歳、体長九・八〜一〇・七メートルで成熟します。体長の増加が止まるのは一五歳ころで、そのときの平均体長は一〇・四五メートルでした。この大きさは雌のマッコウクジラとほとんど差がありません。雌の最大寿命は五四歳です。五〇歳から五四歳までの六頭の雌のうち三頭は妊娠しておりました。本種の雌はほぼ終生繁殖可能であり、スジイルカやハンドウイルカに比べて出産年齢が若干延長された可能性があります。平均出産間隔は推定精度が劣るのですが、三・四年と推定されています。これはハンドウイルカ（三年前後）に近く[19]、コビレゴンドウ（五年前後）の半分強です[131]。

雄の成長を睾丸組織で見ると、五歳以下はすべてが未成熟、六歳から一〇歳までの範囲には未成熟・成熟途上・成熟が併存し、一一歳以上ではすべての個体が成熟していました。成熟時の体長はおよそ九・一〜九・七メートルです。体長の伸びが止まるのは雌と同じく一五歳ごろですが、そのときの平均体長は一〇・一メートルで、最大寿命は八四歳です。ハクジラ類の多くの種では、雄は性成熟のころに成長速度が増す「春機発動期の成長加速」が見られるのですが、ツチクジラにはそれが認められません。

右の知見を要約しますと、雌に比べて、ツチクジラの雄は四年ほど早熟で、成長停止時の体長は三五センチメートルも小さく、寿命は三〇年も長寿なのです。雌が終生繁殖可能という点を含めて、ツチクジラの成長や寿命のパターンは先に述べたコビレゴンドウと比べて、雌雄があべこべなのです。

さらに注目されるのは性成熟後の睾丸の発達です。ツチクジラの雄は片側睾丸重量一・五キログラムほどで性成熟に達します。しかし、睾丸重量はその後も緩やかに増加を続け、三〇〜三五歳ごろに平均五・三キログラムに達して増加が止まります。雄の繁殖能力が睾丸重量と相関するのであれば、雄の繁殖力が完成するのは三〇歳過ぎといえるでしょう。ツチクジラのように時間をかけて生殖腺が発育する例はほかに知られていません。

社会構造

日本捕鯨協会鯨類研究所（鯨研）の大村秀雄氏らは、日本の沿岸捕鯨で捕獲されたツチクジラに雄が多いことを見いだし、マッコウクジラのように雌雄で回遊が異なるのであろうと考えました[175]。その研究は本種の年齢査定技術が開発される以前のことで、当然の推論だったと思います。大村氏はその研究に際して、将来の利用に向けてツチクジラの歯を集めておりました。私はその歯をいただいて年輪や月輪の形成を確認することができました[117]。今では、ツチクジラの生息域のどこでも雄が多いことが知られ、性比のアンバランスは雄の長寿に起因するとされています[129]。

私は一九八四年の夏の調査航海で、本州の太平洋岸においてツチクジラ四二群に遭遇し、潜水中の個体を見落とさないよう時間をかけて群れサイズを観察しました。見落としが皆無であったとは断言できませんが、群れサイズは一〇頭以下が八割を占め（四～五頭にモード）、残りが一五頭から二五頭の範囲にありました[122]。

カリフォルニア湾で集団座礁した一群七頭の構成は貴重な情報です。その群れは雌三頭と雄四頭よりなり、雌は未成熟一頭（年齢不明）と成熟二頭（一三歳、一七歳）で、雄は四頭（二〇～四二歳）の全員が成熟個体でした[76]。ツチクジラの群れは比較的小さく、複数の成熟雄と成熟雌が共存しているのです。房総半島沖の漁獲物の性比を眺めてみましょう[129]。一九歳以下では雌雄比はほぼ等しいのですが、二〇歳以上ではしだいに雌の比率が低下して、五五歳以上には雌は現れません。このアンバランスの主因は雄の最大寿命が八四歳と雌よりも三〇歳も長寿であることにあります（前述）。生殖腺で成熟と判定された一三〇頭の内訳は、雌一に対して雄三・三となります。睾丸重量の増加の停止を目印にして、三〇歳以上を成熟雄と仮定しても、成熟雌に対する雄の比率は一・二となり、雄の過剰は変わりません。

アカボウクジラ科の多くの種では、歯は摂餌機能を失い、一対の下顎歯が二次性徴として成熟雄にのみ萌出します。これら多くの種では、歯は雄同士の闘争に使われると考えられています[155]（第1章5節）。

ツチクジラの下顎歯は下顎前端に位置し、雌雄とも性成熟ごろに萌出するなど、雌雄差がほとんど見られないのが特徴です。ツチクジラの体表には仲間の下顎歯で擦ったような浅い傷が多数ありますが、それは成体の背面に多く、しかも雌にやや多いとの印象を受けます。これらの傷痕が同性間の闘争によるのか、雄が雌をコントロールしようとしてできるのか、仲間同士の戯れによるのか明らかではありません。どのような行動でこのような傷痕が形成されるのか観察の機会が待たれます。

雄が長寿な訳——男系社会仮説

ツチクジラの雄は最大寿命が八四歳という、雌よりも三〇年も長い寿命を得たのはなぜか、その進化生態学的な説明は得られていません。その説明として考えられたのが次に述べる男系社会の仮説です。

ツチクジラで雄が長寿を得たのは、経験を積んだ高齢雄が血縁個体の育児や日常生活に貢献しているためであろうという仮説が出されています[127]。これはコビレゴンドウやシャチなどの老齢雌の機能の裏返しです（第7章2節）。ツチクジラは摂餌に際して大深度に長時間の潜水をしますが（前述）、乳飲み子にはそのような能力も必要もありません。授乳中の母親は多量の栄養を必要としますので、摂餌潜水中に海面近くに残される子どもの安全の確保は大きな問題です。そこで同じ群れのなかの雄が育児に協力するならば、母親の負担が軽減され、育児の成功が期待されます。

雄にそのような育児行動が発達するには、二つの条件が満たされる必要がありそうです。第一は、群れのなかのどの雄から見ても、自分が子どもたちの父親である可能性が期待されることです。これによって子殺しのような行為が抑制されます。第二に、父親が自分の息子の世話をする確率が高いことも必要です。これによって、父親が蓄積した経験や知識の恩恵を息子が受けるとともに、父親がもつ遺伝情報が次世代に伝えられる確率も高まります。そのような遺伝情報のなかには寿命や育児行動に関するものも含まれるでしょう。

このような社会が現生の哺乳類にあるのでしょうか。私はそれがチンパンジーの社会であると思います。タンガニイカ湖の東岸のマハレの集団の例を紹介しましょう[166]。そこでは、彼らは六歳（雌）ないし九歳（雄）で春機発動期に入り、一四歳（雌）ないし一五歳（雄）で繁殖活動に入ります。おおよその寿命は雌が五〇歳、雄が三六歳以上といわれています。

彼らの社会では、それぞれが数十頭よりなる複数の集団がそれぞれ一定の生活圏を守って暮らしています。集団のメンバーはときに応じて、いくつかの群れに分裂したり合流したりしますが、雄は生まれた集団に生涯留まります。これに対して、九〇パーセント以上の雌は一一歳ごろに成熟が近づくと母親の集団を離れて、別の集団に移住するのです。隣の村に嫁入りするようなものです。繁殖に際しては、どの雌も序列の高い雄の要求は拒まないようですが、劣位の雄も交尾の機会は十分にあり、その際に雌の意思も関係するようです。見方を変えれば、雄が協力して雌を確保しているともいえます。多少なりともこれに似た行動が沿岸性のハンドウイルカでも観察されております。そこでは劣位の雄が二〜三頭で協力して、発情期の雌を確保する事例があるそうです[91]。

このようなチンパンジーの社会では、雄に育児行動が発達するための先に述べた二つの条件が満たされる可能性が大きいと思います。現状では彼らは植物食が主体であり、深海底で動物食をする必要もなく、雄の育児協力もおそらく無に近いでしょう。しかし、ツチクジラの祖先がチンパンジーのような父系社会を構築し、それをもとに深海摂餌と父系の育児が発達し、ついには雄の長寿が達成されたのであろうというのが、父系社会の仮説です。

この問題のさらなる追究のために、個体識別によりツチクジラの群れのメンバーの離合集散の状況を理解することと、集団座礁した群れについて遺伝的な解析を行い、個体間の血縁関係を明らかにすることが望まれます。

第8章　壱岐のイルカ騒動——イルカといかに生きるか

ブリ釣りの漁をイルカが妨害することは壱岐島の漁業者には早くから知られていました。長崎県勝本町の漁民はその対策を県に求め、さまざまな形で行政から資金援助を得て、一九七六年から大量駆除を軌道に乗せました。これが国際的な非難を浴びたのを契機に、一九八五年からは有害水産動物駆除を名目とした少数のイルカ捕獲に転じ、これを一九九五年まで続けるなかで、町は一九八三年にイルカ展示用の飼育施設の運営を始めて現在に至りました。この間に、研究者たちは行政の求めに応じて専門の分野ごとに対応に努めましたが、十分な成果はあげられませんでした。

イルカ類の保全と経済活動の衝突は今も世界各地に発生しております。そこにはさまざまな自然要因や人類活動が関係しており、壱岐のイルカ騒動と共通するところも少なくありません。

私は一研究者としてこのイルカ騒動に関与してきました。本章では、この騒動について私の理解するところを整理してみましたが、そこには私なりの偏見もあるに違いありません。そこで、まずイルカ騒動と私との関わりから紹介します。

1　壱岐のイルカ騒動と私

ブリの一本釣り漁がイルカに妨害されるとして、壱岐の勝本町漁業協同組合（勝本漁協）が県に対策を求めたのが一九六四年でした。その対応のひとつとして水産庁が組織した研究班が一九六七、一九六八年の両年度に活動しました[40]。東京大学海洋研究所（海洋研）の西脇昌治教授もそのメンバーの一人でした。私はそこの助手をしていた関係で、イルカ類の種の査定、長崎県のイルカ漁の歴史、イルカ被害の実態調査などを分担しました。この研究組織のタイトル「西日本漁業における小型ハクジラ類被害対策基礎調査」が示すように、その主たる目的はイルカ被害の実態調査にあり、被害を「減らすとかなくする」という漁業者の要求に正面から応えることは想定していませんでした。これが当時のイルカ関係の学問や技術の限界であり、その点では今も大差はありません[170]。

水産庁の研究班が期待に応えないのを見て、漁業者はイルカを自力で駆除することに力を入れ、一九七六年には追い込み漁法でイルカの群れの捕獲に成功し、翌年から大量捕獲を開始し、世界の注目を集めました（第8章3節）。捕殺されるイルカ類の生活史の知識はその資源管理には不可欠ですが、当時の壱岐ではイルカの死体は調査されずに処分されていました。そこで、私は国立科学博物館でイルカ類の食性を研究していた宮崎信之氏の協力と、トヨタ財団からの研究費助成を得て、一九七九年春から一九八一年春までの三漁期に駆除されたイルカの死体を調査しました。この活動でありがたかったのは血まみれになって無給で調査を手伝ってくれた学生諸君の献身でした。それは琉球大学の泉沢康晴、白神悟志、富永千尋、岡本一弘の諸氏、東京水産大学の光明義文氏、名古屋大学の尾坂知江子氏、東京大学の吉岡基氏らでした。勝本漁協もわれわれの調査に全面的に協力してくれました。これが壱岐のイルカ騒動との私の二度目の付き合いでした[19、21]。

われわれは壱岐のイルカ調査を一九八一年三月で終えましたが、そこには次のような事情がありました。政府の補助を得てイルカの駆除が順調に進み、壱岐の漁業者は喜んでいましたが、諸外国からは批判が高まりました。それへの対応でしょうか、科学技術庁は一九七九年に音響利用によるイルカ駆逐を目指して研究班を発足させ、翌年には水産庁がこれを引き継ぎました。これは前述の一九六七、一九六八両年の研究組織のなかの音響関係の分野を拡大したものですが、所期の成果は得られませんでした[48]。そこで、水産庁は方針を変更して、一九八一年度から五年間の新しい研究班を立ち上げました。その主たる目標は、従来の音響関係の研究に加えて、壱岐周辺のイルカ類の資源状態の解析にあり、イルカの死体調査の担当も別に決まっておりました。壱岐の現場でイルカの死体を前に、われわれ大学の研究班と水産庁の研究班が鉢合わせをするのは、勝本漁協の皆さんや手伝いの学生諸君に迷惑なことと考えて、私は一九八一年四月以降の調査を断念しました。

私と壱岐のイルカ騒動との関係は、それで終わりませんでした。一九六八年からの大学紛争では、私は政治的なグループには属しませんでしたが、自由な発言と研究活動が災いしたのか、海洋研では居づらくなっていました。そのころ、日本捕鯨協会鯨類研究所（鯨研）の先輩で、水産庁遠洋水産研究所（遠水研）の大隅清治所長からお招きをいただき、私は一九八三年四月にそこの鯨類資源研究室に異動しました。その結果、前述の水産庁の研究班とも無関係ではいられなくなり、手持ちの三年分の生物データもそこに提供することになりました[45]。これが壱岐のイルカ騒動との三度目の、そして最後の付き合いでした。私は一九九七年に遠水研の外洋資源部を辞して、三重大学に異動しました。遠水研での最後の三年間は捕鯨関係の会合から外されておりました。そこには私の日ごろの言動が原因したようです。

2　壱岐周辺の漁業生物と人間活動

鯨類漁業

一六世紀に三河湾で始まったとされる日本の商業捕鯨は西日本に拡大し、一六七三年には壱岐でも複数の「突き取り捕鯨」のチームが操業しておりました。それを改良してクジラを網に絡ませてから突き殺す「網取り捕鯨」が一六八〇年に壱岐に伝わり、最盛期には三事業地で操業されたといわれます[50]。その捕鯨でもっとも好まれた獲物はセミクジラで、漁期は秋から翌春まででした。季節雇いを含めて数百人が事業地ごとに雇用されましたので、壱岐にとっては重要な産業だったようです。勝本浦と前目浦の二事業体の捕獲頭数を見ると（印通寺はデータなし）、一八四五年秋に始まる漁期から一八四八年漁期までの四漁期は全鯨種合わせて年間七四～一三八頭の捕獲を記録しましたが、一八四九年から漸減に転じて、一八五六～一八六〇年には年間二〇頭以下となり、経営破綻も発生したようです[62]。

帆船から手漕ぎのボートを下ろしてクジラを突く当時の欧米捕鯨は米国式捕鯨とも呼ばれますが[8]、彼らはセミクジラを求めて一八四五年に初めてオホーツク海に入り、翌年から本格的な操業を始めました。

彼らが対馬海峡から日本海に入ったのもほぼ同時で、一八四八年のことでした[58]。壱岐を含めて、北九州一円の在来捕鯨業の衰退の背景には、これら帆船捕鯨による乱獲があったと思われます。汽船に搭載した砲から綱のついた銛を発射するノルウェー式捕鯨が日本で軌道に乗り、ナガスクジラ類の大量捕獲が西日本で始まるのは一八九〇年以降のことです[1]。網取り捕鯨の捕獲統計は情報が少ないのですが、それを含めて初期のノルウェー式捕鯨までの捕獲統計は馬場駒雄氏がまとめています[57]。

前述のイルカ被害対策事業では、一九六七年に九州各地を対象としてイルカ漁に関するアンケート調査が行われました。それによれば、当時のイルカ漁の主体は長崎県各地で行われていた追い込み漁で、他県での捕獲は突きん棒漁（第4章1節）によるもので捕獲頭数は限定的でした[40]。長崎県下では、一九四四年から一九六六年までの二三年間に九ヵ村で合計三〇回のイルカ追い込みが記録されています。ただし、古い記録が失われた可能性もあり、これがすべてと見るのは早計でしょう。壱岐島内の操業地としては、郷ノ浦の渡良小浦、壱岐東部の八幡浦、石田の三組が知られています。壱岐島内での追い込み操業は一九六三年の八幡浦が最後で、石田は先の二三年間に操業は記録されていません。長崎県下では、一九六七年から一九六九年までの三年間は追い込みの実績がなく、一九七〇年以降に各地で追い込みが再開されています。これは一九六七年に始まった県や国からの捕獲奨励金の効果かとも思われます（第8章3節）。

壱岐周辺で駆除・捕獲が確認されたイルカ類は、カマイルカ、ハンドウイルカ、ハナゴンドウ、オキゴンドウの四種です。いずれもイシイルカなどに比べて暖海を好む種です。イシイルカの分布の南限は北緯三五度の島根県江津あたりですから（第5章1節）、壱岐周辺はこれら暖海性イルカ類の北限の越冬地であったと思われます。春にはこれらのイルカは北上して日本海に入り、夏には北海道沿岸にまで回遊します。これらの四種の捕獲は長崎県下に限られませんでした。山口県大日比でも一九七四年まで一二〜五月に追い込み漁が行われておりました[2]。また、能登半島沿岸でも第二次世界大戦後まで追い込み漁の操業があったようです[17]。壱岐周辺のイルカ資源の動向を昔にさかのぼる際には、これらの操業も念頭に置く必要があるでしょう。

ブリとイルカの食物

イルカによる漁業被害には直接被害と間接被害が考えられます。直接被害は漁具の破壊、漁獲物の盗み、操業妨害などがあります。間接被害にはイルカによる有用魚種の捕食や、餌料をめぐるイルカと有用魚種との争いなどが考えられます[170]。

ブリは肉食魚でサバ、アジ、イワシなどを食べるといわれます。勝本の漁業者がイルカ被害を訴えたブリ一本釣り漁は秋から春に操業されましたが、この季節の壱岐周辺のブリの食性は、先に述べた諸研究班の調査対象になっていません。

一方、イルカの餌料とブリとの関係については若干の情報が得られています。私たちの調査班は、一九七九年から一九八一年春までの三漁期に、勝本で駆除されたイルカ四種につき合計一七頭から胃内容物を採取し、これを宮崎信之氏が解析しました[21]。それによると、ブリを食べていたのはオキゴンドウ（一六頭中四頭）とカマイルカ（三頭中一頭）だけでした。ハンドウイルカ（七頭）からはイカと魚類が出ましたが、ブリは出現しませんでした。ハナゴンドウの標本は一頭と少ないのですが、胃にはイカ類のみが認められました。ハナゴンドウはイカ類を偏食するという一般的な常識から見て妥当な結果です。食われていたブリの全長は、カマイルカで三七・三センチメートル（一尾）、オキゴンドウで六〇・〇～八七・四センチメートル（一一尾）と推定されました。カマイルカは体が小さいので、食べるブリも小さいのでしょう。これらの情報は次の三点を示しています。

①四種のイルカの間には部分的であれ餌をめぐる競争関係が予測される。

②ブリとイルカの間にも餌をめぐる競争関係が予測される。

③ブリは異なる成長段階においてオキゴンドウとカマイルカから直接の捕食を受けている。

これらの情報は壱岐のブリの一本釣り漁が、イルカから間接的な被害を受けていることを示すものです。一本釣り漁場におけるイルカ類とブリの行動には次のようなことが予測されます。

④ブリや複数のイルカ種が共通の餌の群れを狙って鉢合わせをする可能性がある。

⑤そのときに、ブリの群れの反応がイルカの種類によって異なる可能性がある。

⑥相手がオキゴンドウやカマイルカの群れの場合には、ブリの群れは被食を避けて逃げる可能性がある（直接被害）。

なお、釣り針にかかったブリをイルカが盗む現象も報告されていますが、そのときのイルカの種類は不明です。

ブリ飼い付け漁と魚種交代

ブリの一本釣り漁が行われる前の壱岐では、ブリの飼い付け漁が行われました。この漁法は漁業法上の共同漁業権漁業に属します。漁期が始まる数ヵ月前からイワシを撒き餌して野生のブリを餌付けします。周辺の海域からブリが撒き餌に誘われてしだいに集まります。その頃合いを見計らって、権利者が一本釣りでブリを釣るのです。壱岐の周辺海域には曽根と呼ばれる浅瀬がいくつかあります。これらの曽根が飼い付け漁の漁場になりました。

この効率的な漁法は、大正末期に鹿児島県方面から壱岐に伝わり、島内の富裕層が権利を独占して曽根の漁場を占有したため、一般島民は困窮したといわれます。その後、さまざまな経緯を経て、一九三〇年に勝本漁業組合が「七里が曽根」での飼い付け漁の権利を得て事業を軌道に乗せました。七里が曽根は壱岐と対馬の中間にあり、壱岐周辺の曽根のなかで最大のものです。この漁業も一九三九年ごろから餌イワシの高値と入手難のために赤字となり、一九四一年に飼い付け組は解散しました[70]。大戦後は一九五一年から三年間、その再開が試みられましたが、赤字続きで失敗に終わりました[24]。この飼い付け漁の衰退の原因は、いわゆる「魚種交代」によりイワシが不漁となり、餌の価格が高騰したことであるといわれます。

魚種交代の原因は明らかではありませんが、世界各地の表層性魚種で発生しています。イルカ騒動当時の対馬海流域の例をあげると、マアジの資源量は一九五〇年代後半から一九六〇年代前半のピークに続いて漸減し、一九八〇年ごろには最盛期の一割程度に減少しました。これとは逆に、マサバ資源は一九六〇年ごろの最低期から増加に向かい、一九八〇年代前半には一〇倍になりました。マイワシの推定資源量については解析期間が短いのですが、一九七〇年代末期に比べて、一九八〇年代末には九倍程度に増加し、その後は減少に向かっています[38]。このような魚種交代に応じて、日本海のイシイルカの主餌料がマイワシからスケトウダラに変化した事例が知られています[18]。ただし、これらの魚種交代が壱岐周辺のブリとイルカ類の生息数や行動にどのような影響を与えたかは解析がなされていません。

一本釣り漁と網漁

一本釣りの漁法が壱岐に伝来したのは明治初年で[24]、それがブリ釣りの主たる漁法として確立したのは明治末年ごろとされています[70]。この漁法では小型漁船に一～三名の釣り手が乗り、各自一本の釣り糸を下ろします。釣り具は一本の幹縄に数十本の枝縄がつき、それぞれに釣り針をつけます。漁船の大きさは、古くは三トン未満が主でしたが、しだいに大型化して一九七五年以降は三～一〇トン船が過半を占めるに至りました[120]。私は勝本漁協の漁船に便乗して操業を見学しましたが、釣り船は朝の未明に出港して漁場で待機し、摂餌のためにブリが浮上するのを待ちます。海鳥の動きからブリの浮上を察知すると、多くの釣り船がそこに急行して、通常は一～二時間続きます。そのような機会は日に一～二回あり、釣り糸を下ろします。そのときにイルカが現れると、ブリの群れは摂餌をやめるとか、分散するとか、イルカが釣り漁具を傷めるとか、イルカが釣り針からブリを盗むとかの被害が報告されています。このようなハクジラ類による操業妨害は世界各地で知られています（後述）。

石井さんという勝本町の漁業者の好意で、一九八〇年の現地調査の折に過去二一年間の操業日誌を見せていただきました。それによると、ブリ一本釣り漁のイルカ被害は一九六〇年ごろにもありました。当時はイルカが現れると、漁をやめて帰港するか、別の曽根に移り次の機会を待つか、釣りの対象を底魚に変更するなどしていました。底魚釣りにはイルカの影響が少ないそうです。時代とともに一本釣り漁の操業環境が厳しくなり、このような対応ではすまなくなり、イルカに対する寛容度が低下したのかもしれません。

イルカ被害が問題になっていた一九七〇年代後半に、東シナ海・日本海域におけるブリの総水揚げに占める壱岐島漁業の貢献は一割弱でした。そこには勝本漁協を含む五つの漁協の一本釣り、巻き網、定置網の三漁業種が貢献していました。当時はブリ養殖業に供給するブリの稚魚（モジャコ）の捕獲が各地でさかんに行われていましたが、これは前述の統計には含まれておらず、壱岐周辺のブリ資源に与える影響評価もなされていません。

壱岐島内におけるブリ水揚げ量の動向と先の三漁業種の比重の変化を眺めてみましょう[21、120]。壱岐全体でのブリの水揚げ量は変動が大きく傾向がつかみにくいのですが、不明瞭ながら漸減傾向が認められ、一九六〇年代前半に比べて一九七〇年代後半の水揚げ量は八割程度に低下しているようです。このような状況のなかで勝本以外の四漁協は、効率的な巻き網漁を導入して、ブリの総水揚げを一九六五年ごろから一九七五年ごろにかけて約三倍に伸ばしています。一方、勝本漁協ではブリ水揚げが漸減し、島内での比重も低下するなかで、一本釣りの漁船数は約二倍の五〇〇〜六〇〇隻に増加しました。その結果、一隻あたりのブリの年間水揚げは二〜三トンから一トン前後へと減少したのです。要約すれば、他漁協は効率的な漁法の導入でブリ漁業の低迷に対処するなかで、勝本漁協は一本釣り漁にこだわり、総水揚げ量と一隻あたり水揚げ量の双方を低下させたのです。このような状況がイルカ類による被害意識を増幅させた可能性があります。

3　イルカ被害対策とその教訓

漁法変更という選択——可能性を考える

勝本漁協の場合には、一本釣り漁に代えて巻き網漁を導入することで、イルカ被害を避けてブリの水揚げ量を維持することが可能だったかもしれません。しかし、そのような対策が検討された形跡は見あたりません。一本釣り漁を重視してきたそれまでの経緯もあったでしょうが、そこには新たな投資を必要とするうえに、多数の組合員の働き場を維持するという要件に合わなかった可能性があります。

なお、かりに漁法変更を計画する場合には、別のイルカ問題が発生する可能性を忘れてはなりません。その好例が東部熱帯太平洋域におけるキハダマグロの巻き網漁です。この漁法は一九六〇年ごろに始まり、大量のイルカが罹網・死亡して、投棄される問題が発生しました。この場合には米国政府が中心となって対策を検討し、一九七〇年ごろに操網方法の改善が提案され、その普及により、一九七〇年代後半からイルカの混獲が激減しました(102)。

威嚇音の利用

壱岐の漁業者は、伊豆半島沿岸のイルカ追い込み漁で使われる発音器を用いて漁場のイルカを追い払うことを一九六五年に試みました。この方法はコーンのついた鉄パイプを水中に入れて、他端をハンマーで打つもので、一時的には効果がありましたが、イルカが慣れて効果は続かなかったそうです。水産庁が組織した諸研究班も、同様の目的で活動しました。そこではシャチの鳴音や効果的と思われる人工音の放声が試みられましたが、永続的でかつ明確な効果を得ることはできませんでした[40、45、48]。

この結果だけを見て担当の科学者の非力を非難するのは正しくないと思います。釣り漁業や延縄漁がイルカ類に妨害されやすいのは事実であり、妨害を排除するために、世界各地でさまざまな手法が試みられてきました。しかし、イルカの群れの慣れや学習により威嚇効果が長続きしないのが普通です。極端な例では、アラスカ沿岸のギンダラ底延縄漁では、延縄を揚げる際の漁船の音を聞き分けて、シャチの群れがやってきて獲物を横取りします。漁業者はひそかに銃で射撃することもあるらしいのですが、撃たれても懲りないらしく、体表に弾痕をもつ個体も魚を盗みにくるそうです[170]。

イルカの身体機能に回復不能な障害を与えるほどの強力な音を使えば、イルカの排除は可能かもしれませんが、自然保護上の問題も危惧されるうえに、摂餌に集まったブリを追い散らす副作用も心配です。

イルカの水産資源学的解析――大隅清治氏の試み

ブリ一本釣り漁のイルカ被害に対して、壱岐の勝本町の漁民は一貫してイルカの捕獲・駆除を目指して努力し、一九七六年以後イルカの駆除頭数が急増しました。これにともなって、駆除活動に対する国際的な非難も高まりました（後述）。

このような状況に対処するため、水産庁は一九八一年に新しい研究組織を発足させました。それは壱岐周辺のイルカ類の生息頭数の動向を解析し、鯨類の資源管理に受け入れられている基準に沿ってイルカ資源の現状を評価する試みです。イルカ類の保全という視点から見て、駆除が許容レベルにあることを示して、国際的な非難をかわすことを期待したもののようです。

捕鯨関係の研究者の間には、クジラの資源から安定的かつ最大の収穫を得るには、資源をある程度減らす必要があるという考えがあります。その理論は次のようなものです。捕鯨が始まる前の「初期資源」の状態では出生数と死亡数が釣り合っていて、資源は増えも減りもしないが、捕獲によって資源が減少すると出生数が死亡数を上回り、資源は回復に向かうはずです。その回復量（増加量）だけを捕獲すれば永続的に資源を利用できるはずです。年々の増加量は資源量×増加率であり、その増加率は資源レベルが低いほど高率となると予想されます。したがって、増加量が最大になるのは、資源が中間的なレベルにあるときと期待されます。ヒゲクジラ類の場合には、そのレベルは初期資源量の六〇パーセント前後であろうと考える科学者が多く、これが鯨類資源管理における適正レベルとされています。

この原理にもとづいて、遠水研の大隅清治氏が解析しました。そのためには、イルカの種ごとの現在資源量、過去の捕獲統計、資源量がゼロに近いときの増加率（最大増加率 R_{max}）が必要です。現在資源量は二つのデータから推定しました。ひとつは民間の定期船と官公庁の各種調査船に依頼して集めたイルカの発見頭数で、これは芙蓉情報センターの桐島敬介氏が解析しました。もうひとつは遠水研が行った鯨類調査航海のデータで、同研究所の宮下富夫氏が解析しました。現在資源量は一九八三年を基準とし、調査の季節は一〜三月です。最大増加率（R_{max}）は壱岐で駆除されたイルカ類の生物調査（第8章1節）で得られた年齢組成や妊娠率にもとづいて、大隅氏がやや任意に定めました[45]。これに連動して、資源が適正レベルにあるときの増加率が定まります。

解析はカマイルカ、ハンドウイルカ、オキゴンドウについて行われました。大隅氏はこれら三種について一九六五年にさかのぼって資源量を計算しました。その結果、いずれの種でも現在資源量は一九六五年レベルの六〇パーセントより上にある、すなわち適正レベルよりも上にあると計算されました。ただし、この適正レベルはブリ一本釣り漁の被害回避という視点とはまったく関係がありません。目視調査のデータから計算された現在資源量、さかのぼって逆算された初期資源量、適正資源量（初期資源の六〇パーセント）、そのときの増加率と捕獲可能数などは次のようになります。

	カマイルカ	ハンドウイルカ	オキゴンドウ
現在資源量（一九八三年）	七万六八〇〇	二四万三四〇〇	三五〇〇
初期資源量（一九六五年）	七万七一〇〇	二四万七三〇〇	四五〇〇
R_{max}（設定値）	〇・〇六三	〇・〇五三	〇・〇二二
適正資源量（A）	四万六二六〇	一四万八三八〇	二七〇〇
そのときの増加率（B）	〇・〇四四	〇・〇三七	〇・〇一六
そのときの捕獲可能数（A×B）	二〇三五	五五四四	四二

右の計算では三種のイルカの漁獲開始年を一九六五年としています。その理由はイルカの種別の捕獲統計がそれ以前は得られないことにあるのですが、それで問題がないのかという疑問は残ります。長崎県下の追い込み漁については、一九四四年から一九六六年までの二三年間に三〇回の操業記録があります。それによると、これら三種と種不明を合わせて七五〇〇頭近くが捕獲されており、加えて、山口県

や石川県方面の追い込み漁でもこれらの種が捕獲されています（第8章2節）。

第二に、資源量を過去にさかのぼって計算する際には最大増加率（R_{max}）が鍵になります。それを推定するための信頼できる方法がないのも事実ですが、単一の仮定ですませずに、数値にある程度の幅をもたせて計算して、結論がどのように影響されるかを調べてみたいものです。

第三の疑問は、ハンドウイルカの現在資源量は二つの推定値に一〇倍の差があるのに、計算では大きい値を採用していることの妥当性です（ほかの二種のイルカでは二つの推定値の中間値を採用しています）。

第四の疑問は、ハンドウイルカとオキゴンドウの解析では、沖縄諸島周辺にいた個体も資源量推定に含めています。沖縄諸島は黒潮流の東側に位置しますので、そこにいる個体が黒潮流の西側の東シナ海個体群に属するか否か疑問です（第3章3節）。壱岐周辺で越冬するこれら二種のイルカの行動範囲が、南方はどこまで広がっているかも未解明です。カマイルカの分布は北九州から島根県沿岸に至る狭い範囲に限られていましたので、問題はないと思います。

第五の疑問は、ヒゲクジラ資源の管理に向けてつくられた資源モデルが、社会性の強いイルカ類の動態予測に使えるのだろうかという問題です。

この資源診断は結論を楽観的に誤る要素を多く含んでいると感じます。鯨類資源の動向を把握するには年月をかけて調査を反復し、資源モデルと調査情報とを対比することが望まれます。壱岐のイルカ騒動がおさまると同時に調査・研究が停止し、その後の検証がなされないのは残念なことです。

私は勝本漁協から資料を得て、ブリ釣りの出漁日数に占めるイルカの出現日の比率を解析したことがあります[21]。追い込み駆除開始前の一九七三年には二〇パーセント台だった出現率は年々増加し、追い込み駆除初期の一九七六年から一九七九年にかけて最高値七〇パーセントを記録しました。その後、出現率は減少に向かい、一九八一年には四〇パーセントまで低下しました。このような急速な変化は、イルカ資源の増減よりも、ブリ漁場を訪れるイルカの個体数の増加ないしは滞留期間の延長など、イルカの行動の変化に起因すると見ることもできます。そのようなイルカ類の行動の変化に関しては研究がなされていません。

駆除活動とその教訓

壱岐では勝本町の漁業者が中心になって、イカ釣りやブリ一本釣り漁のイルカ被害の解消を県や国に求めつつ、自身でもイルカの駆逐や駆除を試み、五島列島や対馬の漁民も含めた長崎県漁民の「イルカ被害対策」の運動に育てました。その被害の内容は、当初は直接被害が主体でしたが、時間とともに間接被害の訴えも聞かれるようになりました。これは釣り漁業に比重を置かない近隣諸島の漁民を巻き込むことに貢献したと思われます。

勝本町漁民はブリ漁場に来遊するイルカの駆逐や駆除を目指してさまざまな試みをしました。銛銃・突きん棒・小型捕鯨船・大目流し網などによる捕獲の試みや、発音器による威嚇などの試みは、その効果が限定的でした。このような過程のなかで、県や国は壱岐漁民の求めに応じて、一九六六年からはイルカの駆逐・捕獲のための漁具や捕獲されたイルカ死体の処理装置への資金補助を順次に開始しました。遅れて一九六七年には頭数に応じてイルカ捕獲奨励金の給付を始め、これは一九七八年に有害水産動物の駆除に対する補助金と改められました[45]。

このような状況のなかで、対馬では一九七〇年から一九七九年まで、五島では一九七一年から一九八五年まで、イルカの追い込み漁が復活しました。これらは近年まで追い込み実績のあった土地ですが、壱岐では追い込み漁が早くから途絶していたため（第8章2節）、再開に苦労したようです。最終的には和歌山県太地の追い込み業者の指導を得て、一九七六年にハナゴンドウの追い込みに成功し、翌年からこの事業を軌道に乗せました[45]。

一九八二年には全国のイルカ追い込み漁が知事許可漁業になりましたが、長崎県にはその許可を得た者はありません。勝本町はその許可をとらず、有害水産動物駆除の許可を得て、一九八五年からは規模を縮小して、一九九五年まで駆除を続けました。壱岐における一九七六年からの総駆除頭数は約一万一七〇〇頭でした。このほかに対馬と五島で約二〇〇〇頭を捕獲しております。合計一万四〇〇〇頭ほどの種類構成比はハンドウイルカ四七パーセント、カマイルカ三五パーセント、オキゴンドウ一二パーセント、ハナゴンドウ六パーセントです。壱岐における駆除活動で一番苦労したのがイルカの死体の処分でした。地下埋設、洋上投棄、五島や対馬での食用消費などを試みたあと、クラッシャーで処理して肥料の原料とすることで解決が得られ、少数は水族館用に生体で出荷しました。

勝本町は長崎県の補助を得て一九八三年に観光客を対象にしたイルカ飼育施設をつくり[17]、今もこれを維持しております。イルカ駆除からイルカ観光の施設運営を始める過程で、勝本町内においてはどのような議論がなされたのでしょうか。興味あるところです。

一九七〇年代から一九八〇年代にかけて大きな話題を呼んだ「壱岐のイルカ騒動」は、一九九〇年代半ばに終息したかに見えます。イルカ騒動の始まりから終息まで、その背景になにがあったのか、その間にブリ一本釣り漁とイルカの関係はどう変化してきたのか。これらに答えたうえで、かつてのイルカ被害対策を評価することが望まれますが、それはまだなされていません。

「壱岐のイルカ騒動」によって、多くの日本人が新しい体験をしたのも事実です。勝本町の漁業者がイルカ駆除の成功で喜びに沸いていたときに、これに対して思いがけない現象が起きました。それは駆除に対する国際的な批判です。米国人デクスター・ケイト氏が夜間にひそかに辰ノ島に渡り、囲い網を切って屠殺を待つイルカ約三〇〇頭を逃がしたのは、一九八〇年二月のことでした。その報道が契機になって、日本の在外公館にはイルカ捕殺に対する抗議が殺到したそうです(24)。これらの批判者の考えには多様なものがあったと思いますが、その根底には「地球上の自然は人類の共有財産だ」という認識があったのではないでしょうか。自然物の管理においては、地域住民とて無制限の裁量権を与えられてはいないことを認識させられた出来事でした。

おわりに

鯨類の保全に関しては、諸外国では環境汚染や漁業との競合などに関する課題が多いようですが、鯨類を食用に捕獲している日本ではやや異なります。そこでは捕獲が鯨類に与える影響を評価することが重要な課題となります。そのためには鯨類資源やそれを利用する漁業に関する情報が重要です。今では、それらの情報は水産庁のホームページ「国際漁業資源の現況」から入手できます。

水産庁は一九九三年にすべてのイルカ漁業に対して種別の捕獲枠を設定しました。当初は、過去の操業規模を土台にして、七種のイルカ類に合計二万一千余頭の捕獲を認めましたが、二〇〇七年から既存枠の削減や対象種の追加などが行われ、二〇二〇年現在の日本のイルカ漁業には一〇種・一万一一一七頭の捕獲が許されています。これら捕獲対象種の追加や捕獲枠の変更に際しては、その根拠について十分な説明がない事例が多いのは残念です。二〇〇七年にカマイルカが追加されましたが、それについては、追い込み漁業者や水族館は喜ぶかもしれないが、日本沿岸の個体群構造の解釈が課題であろうというのが私の印象でした。

イルカ類を捕獲する今の日本の漁業を北から列記すると、北海道・岩手・宮城の突きん棒漁、和歌山県の突きん棒漁と追い込み漁、沖縄県のいしゆみ漁（弩漁）があります。伊豆半島の追い込み漁にも若干の捕獲枠が与えられていますが、操業の実態はありません。また小型捕鯨業がツチクジラと若干のイルカ類を捕獲しています。小型捕鯨業は小型の汽船に捕鯨砲を搭載して小型鯨類を捕獲する漁法です。

これらの漁法で捕獲されてきたイルカ類の資源状態はどうなのか。これについても、科学的な情報が乏しいのが現状です。調査船を走らせて資源量を推定することは行われてきましたが、推定精度の制約のため、資源量の動向を検出するのは困難です。加えて、沿岸の漁業が利用しているイルカ資源が沖合はどこまで分布しているのか、これは多くの種で未解明です。漁業の操業の自由度を重視して分布を広く解釈するか、資源の安全と漁業の永続のために狭く考えるかで見解が分かれがちです。本書では私は後者の立場から記述してきました。

捕鯨操業のデータを資源解析に用いることは、漁業者による意図的なデータ操作[125]を恐れて、これを避ける傾向がありました。しかし、イルカ漁の操業データをその資源診断に用いることが必ずしも悪いとは限りません。一例として、和歌山県太地の追い込み漁の操業データの解析を紹介します。太地の追い込み漁は二〇二〇年時点でイルカ類九種を対象に操業していますが、そのなかの主要な三種の資源動向を比較してみましょう。細かい年変動をならすために、統計を五年ごとにまとめて解析します[18、128]。

太地では一九七一年に今の追い込み組が発足し、初期にはスジイルカとコビレゴンドウ（マゴンドウ）が好んで捕獲され、一九八〇～一九八四年期には前種が二万二千余頭、後種が二千百余頭と捕獲のピークを記録しました。これら二種の捕獲頭数はその後漸減し、最近の二〇一五～二〇一九年期にはピーク時の、それぞれ九パーセントと一一パーセントに低下しました。一方、不味であるとして控えられていたハナゴンドウの捕獲は、前二種の減少にともない増加して、二〇〇〇～二〇〇四年期には一千五百余頭のピークを記録し、最近年の捕獲はピーク時の六二パーセントを維持しています。

このような捕獲頭数の変動は捕獲枠にも大きく影響されます。そこで、捕獲枠に対する捕獲達成率を見ると、スジイルカの達成率は九一〜九九パーセントを維持し、ハナゴンドウのそれは捕獲のピーク期以降は七八〜一〇五パーセントにありました。これら二種の捕獲頭数の低下は捕獲枠の漸減に影響されており、資源動向を反映していない可能性が大です。一方、コビレゴンドウの達成率はつねに三三〜六二パーセントの低率にありました。

大小を込みにした一頭あたりの一九九〇年の浜値は、コビレゴンドウ九八万円、ハナゴンドウ一五万円、スジイルカ五・六万円でした。[17] 消費者に好まれて、単価も高いコビレゴンドウの捕獲頭数が低減を続け、捕獲枠に達することもなかった事実を、私は次のように解釈します。すなわち、「コビレゴンドウの捕獲枠は捕獲を抑える機能を果たさず、漁業者は能力一杯の捕獲を四〇年間続けた結果、漁場における本種の密度はかつての一割ほどに低下した」というものです。

コビレゴンドウの個々の群れの行動範囲には個性があるでしょう。麻雀のパイのような速やかな地理的混合は期待できません。太地沖の漁場における本種の密度低下は個体群の縮小に先行し、資源判断を悲観的な方向に偏らせるでしょう。しかし、漁業を永続させるという見地からは、重要鯨種の捕獲が著しく低下したという点で、この資源管理は失敗であったと判断されます。捕獲を縮小して、漁場への来遊群の回復を図るべきです。

追い込み漁はイルカの群れを丸ごと捕獲します。残された群れは、群れの密度低下に反応して自群の構成員を増やし、分裂し、群れ数の回復に至ると期待されますが、それに要する時間は定かではありません。繁殖相手とする他群との出合いに不自由した場合に、コビレゴンドウは群れ内で近親交配を始めるのでしょうか。これも未解明です。一方、突きん棒漁や小型捕鯨業で個体が選択的に捕獲される場合には、まず被害を受けた群れの内部で反応が起こるでしょう。その場合に、群れのなかのだれが失われるかによって、残されたメンバーが被る影響、ひいては群れの反応が異なるはずです。いずれにせよ、漁獲に対する個体群の反応の速さは、イルカ類の社会構造や捕獲の仕方に大きく影響されるはずです。

鯨類の資源管理は、舵の効きの悪い船で、レーダーもなしに霧のなかを航海するようなものだというのが私の実感です。イルカ漁の管理には慎重さが求められます。

東京大学出版会編集部の光明義文氏には、これまでに幾度もお世話になりましたが、本書の企画も氏の提案で始まりました。科学者は学問レベルの向上に貢献するだけでなく、生涯を終える前に自分の分野の研究成果を一般の人々にもわかる形で残すことが望ましいとの氏の主張が感じられました。なるほどと思い本書の企画をお受けしました。はたして本書がその目的を達したかは疑問ですが、数度の修正を経て出版に至ったのは、氏の助言のおかげと感謝しております。氏は哺乳類学関係の書籍の出版に努力をそそぎ、日本の哺乳類学への貢献が高く評価されております。思えば、氏とは一九七九年の卒業研究や壱岐のイルカ調査（第8章1節）以来の付き合いです。これまで一緒に働けたことをなによりもうれしく思います。

二〇二四年三月

粕谷俊雄

引用文献

1）明石喜一　1910．本邦の諾威式捕鯨誌．東洋捕鯨株式会社，大阪．280＋40 頁．「明治期日本捕鯨誌」としてマツノ書店より 1989 年に復刻された．

2）石川創　2017．山口県長門市大日比地区のイルカ追い込み漁――昭和期の捕獲を中心にして．下関鯨類研究室報告　5：1–17．

3）大泉宏　2008．日本近海における鯨類の餌生物．pp. 197–237．*In*：村山司（編）鯨類学．東海大学出版会，秦野．400 頁．

4）大藏常永　1826．除蝗録．黄葉園．28 丁．

5）大隅清治　1963．マッコウクジラの歯の話．鯨研通信　141：1–16．

6）大槻清準　ca.1808．鯨史稿（校本）．1983 年恒和出版印行のテキストによる．

7）大槌町漁業史編纂委員会（編）1983．大槌町漁業史．大槌町漁業協同組合，大槌町．1360 頁．

8）大村秀雄・松浦義雄・宮崎一老　1942．鯨――その科学と捕鯨の実際．水産社，東京．319 頁．

9）小川鼎三　1932．本邦産鯨類の分類に就いて．斎藤報恩会時報　69＋70 号：1–57 頁．

10）小川鼎三　1937．本邦の歯鯨に関する研究（第 9 回）．植物及動物　5(3)：591–598．

11）小川鼎三　1950．鯨の話．中央公論社，東京．211 頁．

12）沖縄県水産試験場　1986．沖縄県の漁具・漁法．（財）沖縄県漁業振興基金，那覇．241 頁．

13）影崇洋　1999．DNA 多型によるコビレゴンドウ（*Globicephala macrorhynchus*）の群構造の解析に関する研究．三重大学生物資源学部博士号審査論文．141 頁．

14）粕谷俊雄　1981．香深井 A 遺跡出土の鯨類遺物．pp. 675–683．*In*：大場利夫・大井晴雄（編）オホーツク文化の研究 3．香深井遺跡下．東京大学出版会，東京．727 頁．

15）粕谷俊雄　1986．オキゴンドウ．pp. 178–187．*In*：田村保・大隅清

治・荒井修亮（編）．漁業公害（有害生物駆除）対策調査委託事業調査報告書（昭和 56-60 年度）．水産庁，同検討委員会．285 頁．
16）粕谷俊雄 1990．歯鯨類の生活史．pp. 80-127．*In*：宮崎信之・粕谷俊雄（編）．海の哺乳類．サイエンティスト社，東京．300 頁．
17）粕谷俊雄 2011．イルカ——小型鯨類の保全生物学．東京大学出版会，東京．640 頁．
18）粕谷俊雄 2019．イルカ概論——日本近海産小型鯨類の生態と保全．東京大学出版会，東京．337 頁．
19）粕谷俊雄・泉沢康晴・光明義文ほか 1997．日本近海産ハンドウイルカの生活史特性値．国際海洋生物研究所報告（鴨川） 7：71-107．
20）粕谷俊雄・宮下富夫 1989．日本のイルカ漁業と資源管理の問題点．採集と飼育 51(4)：154-160．
21）粕谷俊雄・宮崎信之 1981．壱岐周辺のイルカとイルカ被害——3 箇年の調査の中間報告．鯨研通信 340：25-36．
22）粕谷俊雄・山田格 1995．日本鯨類目録．日本鯨類研究所，東京．89 頁．
23）片岡照男・北村秀策・関戸勝ほか 1967．スナメリの摂餌量について．動水誌 9(2)．（鳥羽水族館 1977．「スナメリの飼育と生態」に収録）
24）勝本町漁業史作成委員会 1980．勝本町漁業史．勝本町漁業協同組合，勝本町．576 頁．
25）神谷敏郎 2022．川に生きるイルカたち（増補版）．東京大学出版会，東京．209＋30 頁．
26）川島瀧蔵 1894．静岡県水産誌．静岡県漁業組合取締所，静岡市．巻 1：144 丁，巻 2：91 丁，巻 3：203 丁，巻 4：181 丁．1984 年に静岡県図書館協会により復刻された．
27）川端弘行 1986．鯆漁．pp. 636-664．*In*：同編纂委員会（編）．山田町史，上巻 山田町教育委員会，山田町．10＋1095 頁．
28）日本哺乳類学会（編）1997．レッドデータ 日本の哺乳類．文一総合出版，東京．279 頁．
29）河村章人・中村秀樹・田中博之ほか 1983．青函連絡船による津軽海峡のイルカ類目視観察（結果）．鯨研通信 351／352：29-48．
30）木崎盛標 1773（未刊）．江猪漁事．Hawley（1958-1960）の採録による（引用文献番号 107）．

31) 木白俊哉・粕谷俊雄・加藤秀弘 1990. コビレゴンドウ外部形態の地理的変異. 日本水産学会平成 2 年度春季大会講演要旨：31.
32) 畔田翠山 1827 自序. 水族志. 文会社（東京）1894 年出版（316＋33 頁）による.
33) 財城真寿美・三上岳彦 2013. 東京における江戸時代以降の気候変動. 地学雑誌 122(6): 1010–1019.
34) 斉藤市郎 1960. 遠洋漁業. 恒星社厚生閣, 東京. 318 頁.
35) 佐野蘊 1998. 北洋サケ・マス沖取り漁業の軌跡. 成山堂, 東京. 188 頁.
36) 渋沢敬三 1982. 明治前日本漁業技術史. 野間科学医学研究資料館, 東京. 701 頁.
37) 下関海洋科学アカデミー鯨類研究室 2013–2019. 下関鯨類研究室報告 Nos. 1–7.
38) 水産研究所魚種交代研究チーム 1997. 魚種交代の長期予測研究報告書. 水産庁. 96 頁.
39) 水産庁海洋漁業部国際課 1987. 日米加漁業条約関係取極集. 水産庁海洋漁業部国際課. 332 頁.
40) 水産庁調査研究部 1969. 西日本漁業における小型ハクジラ類被害対策基礎調査報告書. 水産庁調査研究部. 97 頁.
41) 太地五郎作 1937. 熊野太地浦捕鯨乃話. 紀州人社, 大阪. 37 頁.
42) 太地町立くじらの博物館 1982. 和歌山県太地で捕獲されたサカマタの飼育について. 太地町立くじらの博物館, 太地. 27 頁.
43) 太地亮 2001. 太地角右衛門と鯨方. 自費出版. 159 頁.
44) 多藤省徳 1985. 捕鯨の歴史と資料. 水産社, 東京. 202 頁.
45) 田村保・大隅清治・荒井修亮（編） 1986. 漁業公害（有害生物駆除）対策調査委託事業調査報告書（昭和 56–60 年度）. 水産庁同対策検討委員会. 285 頁.
46) 寺島良安 1712. 和漢三才図会. 巻 51「江海 無鱗魚」. 東京美術 1970 年出版の上巻による.
47) 寺田一彦（代表編者）1960. 海洋の事典. 東京堂, 東京. 671 頁＋11 図版.
48) 東海大学海洋研究所 1981. 昭和 54・55 年度漁業公害（有害生物等）対策事業調査報告書. 東海大学海洋研究所, 清水. 157 頁.
49) 鳥羽山照夫 1969. 漁獲統計資料よりみた相模湾産スジイルカの群

構成頭数とその変化．鯨研通信　217：109-119.
50） 中園成生　2001．くじら取りの系譜．長崎新聞新社，長崎．223 頁．
51） 永沢六郎　1916．日本産海豚類十一種の学名．動物学雑誌　28（327）：45-47.
52） 西脇昌治　1965．鯨類・鰭脚類．東京大学出版会，東京．439 頁．
53） 西脇昌治　1990．南極行の記．北泉社，東京．132 頁．
54） 西脇昌治・粕谷俊雄・R. L. ブラウネル・D. K. カルドウエル　1967．日本近海産ゴンドウクジラ属の分類について．日本水産学会講演要旨：15.
55） 野口榮三郎　1946．海豚とその利用．pp. 6-31. *In*：野口榮三郎・中村了．海豚の利用と鯖漁業．霞ヶ関書房，東京．70 頁．
56） 服部徹（編）1887-1888．日本捕鯨彙考．大日本水産会，東京．前編（1887）109 頁，後編（1888）210 頁．
57） 馬場駒雄　1942．捕鯨．天然社，東京．326 頁．
58） 朴九秉　1994．アメリカ捕鯨船の日本海来漁と竹島発見――航海日誌にみる日本海捕鯨．歴史と民俗（神奈川大学日本常民文化研究所論集）11：101-137.
59） 人見必大　1697．本朝食鑑　巻の九．島田勇雄（訳注）1980．本朝食鑑．平凡社版による．
60） マーシュ，H.・オッシー，T. J.・レイノルズ，J. E.（粕谷俊雄訳）2021．ジュゴンとマナティー――海牛類の生態と保全．東京大学出版会，東京．506 頁．
61） 松浦義雄　1942．海豚の話．海洋漁業　71：53-109.
62） 松原新之助　1896．捕鯨誌．大日本水産会，東京．298＋10 頁．
63） 水江一弘・吉田主基　1965．北洋産鮭鱒流し網にかかったイルカについて．長崎大学水産学部研究報告　19：1-36.
64） 水江一弘・吉田主基・竹村暘　1966．北洋産 Dall's porpoise の生態について．長崎大学水産学部研究報告　21：1-21.
65） 水口博也　2015．シャチ――生態ビジュアル百科．誠文堂新光社，東京．191 頁．
66） 宮下富夫　1994．北太平洋の流し網漁業で混獲されるいるかの分布と資源量．北太平洋漁業国際委員会研究報告　53（III）：347-359.
67） 森弘子・宮崎克則　2016．鯨取りの社会史．花乱社，福岡市．252 頁．

68） 山瀬春政 1760. 鯨誌. 大坂書林, 大阪. 26 丁.

69） 吉岡基・粕谷俊雄 1991. 生態・分布解析による鯨類の系群判別. pp. 53–65. *In*：桜本和美ほか（編）. 鯨類資源の研究と管理. 恒星社厚生閣, 東京. 273 頁.

70） 吉田禎吾（編）1979. 漁村の社会人類学的研究. 東京大学出版会, 東京. 251＋4 頁.

71） Amano, M. and Hayano, A. 2007. Intermingling of *dalli*-type Dall's porpoises into the wintering *truei*-type population off Japan: implication from color patterns. *Marine Mammal Sci.* 8(2): 143–151.

72） Amano, M., Marui, M., Guenther, T. *et al.* 2000. Re-evaluation of geographical variation in the white flank patch of *dalli*-type Dall's porpoise. *Marine Mammal Sci.* 16(3): 631–636.

73） Amos, B., Bloch, D., Desportes, G. *et al.* 1993. A review of molecular evidence relating to social organization and breeding system in the long-finned pilot whale. *Rep. int. Whal. Commn.* Special Issue 14 (Biology of Northern Hemisphere Pilot Whales): 209–217.

74） Andrews, R. C. 1914. American Museum whale collection. *Amer. Mus. J.* 14(8): 275–294.

75） Au, W. W. L. 1993. *The Sonar of Dolphins.* Springer-Verlag, New York. 277pp.

76） Aurioles-Gamboa, D. 1992. Notes of a mass stranding of Baird's beaked whales in the Gulf of California, Mexico. *Calif. Fish. and Game* 78(3): 116–123.

77） Berta, A., Sumich, J. L. and Kovacs, K. M. 2006. *Marine Mammals: Evolutionary Biology.* Academic Press, Burlington. 547pp.

78） Best, P. B. 1979. Social organization in sperm whales, *Physeter macrocephalus.* pp. 227–289. *In*: Howard E. W. *et al.* (eds). *Behavior of Marine Animals.* Plenum Press, New York. 438pp.

79） Best, P. B., Canham, P. A. S. and Macleod, N. 1984. Patterns of reproduction in sperm whales, *Physeter macrocephalus. Rep. int. Whal. Commn.* Special Issue 6 (Reproduction in Whales, Dolphins and Porpoises): 51–79.

80） Best, P. B. and Kato, H. 1992. Possible evidence from foetal length distribution of the mixing of different components of the Yellow Sea-

East China Sea-Sea of Japan-Okhotsk Sea minke whale population (s). *Rep. int. Whal. Commn.* 42: 166.

81) Best, P. B. and Ross, G. J. B. 1989. Whales and Whaling. pp. 315–338. *In*: Payne, A. I. L. *et al.* (eds). *Oceans of Life off Southern Africa.* Vlaeberg, South Africa. 380pp.

82) Bigg, M. A. 1982. An assessment of killer whale (*Orcinus orca*) stocks off Vancouver Island, British Columbia. *Rep. int. Whal. Commn.* 32: 655–666.

83) Bigg, M. A., Olesiuk, P. F., Ellis, G. M. *et al.* 1990. Social organization and genealogy of resident killer whales (*Orcinus orca*) in the coastal waters of British Columbia and Washington State. *Rep. int. Whal. Commn.* Special Issue 12 (Individual Recognition of Cetaceans): 383–405.

84) Bloch, D., Zachariassen, M. and Zachariassen, P. 1993. Some external characters of the long finned pilot whale off the Faroe Islands and a comparison with the short-finned pilot whale. *Rep. int. Whal. Commn.* Special Issue 14 (Biology of Northern Hemisphere Pilot Whales): 117–135.

85) Bree, P. J. H. van 1971. On *Globicephala sieboldii* Gray, 1846, and other species of pilot whales. *Beaufortia* 19(247): 79–87.

86) Brent, L. J. N., Franks, D. W., Foster, E. A. *et al.* 2015. Ecological knowledge, leadership, and the evolution of menopause in killer whale. *Current Biology* 82(1): 312–314.

87) Chivers, S. J., Perryman, W. L., Lynn, M. S. *et al.* 2018. "Northern" form short-finned pilot whales (*Globicephala macrorhynchus*) inhabit the eastern Tropical Pacific Ocean. *Aquatic Mammals* 44(4): 357–366.

88) Cipriano, F. and Palumbi, S. R. 1999. Rapid genotyping techniques for identification of species and stock identity in fresh, frozen, cooked and canned whale product. *IWC/SC/51/09.* Document presented at the scientific committee of IWC. 23pp.

89) Cise, A. M. van, Morin, P. A., Baird, R. W. *et al.* 2016. Redrawing the map: mtDNA provides new insight into the distribution and diversity of short-finned pilot whales in the Pacific Ocean. *Marine Mammal*

Sci. 32(4): 1177–1199.

90) Connor, R. C., Wells, R. S., Mann, J. *et al.* 2000. The bottlenose dolphin. pp. 91–126. *In*: Mann, J. *et al.* (eds). *Cetacean Societies.* The University of Chicago Press, Chicago. 433pp.

91) Connor, R. C., Read, A. J. and Wrangham, R. 2000. Male reproductive strategies and social bonds. pp. 247–269. *In*: Mann, J. *et al.* (eds). *Cetacean Societies.* The University of Chicago Press, Chicago. 433pp.

92) Desportes, G. and Mouritsen, R. 1993. Preliminary results on the diet of long-finned pilot whales off the Faroe Islands. *Rep. int. Whal. Commn.* Special Issue 14 (Biology of Northern Hemisphere Pilot Whales): 305–324.

93) Desportes, G., Saboureau, M. and Lacroix, A. 1993. Reproductive maturity and seasonality of male long-finned pilot whales off the Faroe Islands. *Rep. int. Whal. Commn.* Special Issue 14 (Biology of Northern Hemisphere Pilot Whales): 233–262.

94) Ellis, S., Franks, D. W., Nattrass, S. *et al.* 2018. Analyses of ovarian activity reveal repeated evolution of post-reproductive lifespan in toothed whales. *Scientific Reports* 8: Article No. 12833.

95) Ferreira, I. M., Kasuya, T., Marsh, H. *et al.* 2013. False killer whale (*Pseudorca crassidens*) from Japan and South Africa: differences in growth and reproduction. *Marine Mammal Sci.* 30(1): 64–84.

96) Ferrero, R. C. and Walker, W. A. 1999. Age, growth, and reproductive patterns of Dall's porpoise (*Phocoenoides dalli*) in the central North Pacific Ocean. *Marine Mammal Sci.* 15(2): 273–313.

97) Foster, E. A., Franks, D. W., Mazzi, S. *et al.* 2012. Adaptive prolonged postreproductive life span in killer whales. *Science* 337: 1313.

98) Fraser, F. C. 1950. Two skulls of *Globicephala macrorhyncha* (Gray) from Dakar. *Atlantide Rep.* 1: 46–60.

99) Frey, A., Crockford, S. J., Meyer, M. *et al.* 2005. Genetic analysis of prehistoric marine mammal bones from an ancient Aleut village in the southeastern Bering Sea. p. 98. *In*: *Abst. 16th Biennial Conf. Bio. Marne Mamm.*, San Diego.

100) George, J. C. and Thewissen, J. G. M. (eds). 2021. *The Bowhead Whale.* Academic Press, London. 640pp.

101) Geraci, J. R., Harwood, J. and Lounsbury, V. J. 1999. Marine mammal die-offs: cause, investigation, and issues. pp. 367–395. *In*: Twiss, J. R. and Reeves, R. R. (eds). *Conservation and Management of Marine Mammals*. Smithsonian Inst. Press, Washington. 471pp.

102) Gosliner, M. L. 1999. The tuna-dolphin controversy. pp. 120–155. *In*: Twiss, J. R. and Reeves, R. R. (eds). *Conservation and Management of Marine Mammals*. Smithsonian Inst. Press, Washington. 471pp.

103) Grenfield, M. R., Durden, W. N., Jablonski, T. A. *et al.* 2022. Associates from infancy influence postweaning juvenile associations for common bottlenose dolphins (*Tursiops truncatus*) in Florida. *J. Mammalogy* 103(6): 1290–1304.

104) Hamilton, T. A., Redfern, J. V., Barlow, J. *et al.* 2009. Atlas of cetacean sightings for Southwest Fisheries Science Center cetacean and ecosystem surveys: 1986–2005. *NOAA Technical Memorandum*, NOAA-TM-NMFS-SWFSC-440. 70pp.

105) Hayano, A., Amano, M. and Miyazaki, N. 2003. Phylogeography and population structure of the Dall's porpoise, *Phocoenoides dalli*, in the Japanese waters revealed by mitochondrial DNA. *Genes Genet. Syst.* 78: 81–91.

106) Hayano, A., Amano, M. and Miyazaki, N. 2004. Population differentiation in the Pacific white-sided dolphin (*Lagenorhynchus obliquidens*) inferred from mitochondrial DNA and microsatellite analyses. *Zoological Science* (Japan) 21: 989–999.

107) Hawley, F. 1958–1960. *Miscellanea Japonica, II. Whales and Whaling in Japan*. Published by the author. 354+Xpp.

108) Heimlich-Boran, J. R. 1993. Social Organization of the Short-finned Pilot Whale, *Globicephala macrorhynchus*, with Special Reference to the Comparative Social Ecology of Delphinids. Ph. D. Thesis University of Cambridge. 132pp.

109) Hershkovitz, P. 1966. *Catalog of Living Whales*. Smithsonian Inst., Washington. 259pp.

110) Hoydal, K. and Lastein, L. 1993. Analysis of Faroese catches of pilot whales (1709–1992), in relation to environmental variations. *Rep. int. Whal. Commn.* Special Issue 14 (Biology of Northern Hemi-

sphere Pilot Whales): 89–106.
111) IWC 1992. Report of the Sub-Committee on Small Cetaceans. pp. 178–238. *In*: Forty-Second Report of the International Whaling Commission. IWC, Cambridge. 776pp.
112) IWC 1993. Report of the Sub-Committee on Small Cetaceans. pp. 130–145. *In*: Forty-Third Report of the International Whaling Commission. IWC, Cambridge. 544pp.
113) IWC 2002. Report of the Standing Sub-Committee on Small Cetaceans. *J. Cetacean Res. Manage.* 4 (Suppl.): 325–338.
114) Kasuya, T. 1972. Growth and reproduction of *Stenella caeruleoalba* based on the age determination by means of dentinal growth layers. *Sci. Rep. Whales Res. Inst.* (Tokyo) 24: 57–79.
115) Kasuya, T. 1975. Past occurrence of *Globicephala melaena* in the western North Pacific. *Sci. Rep. Whales Res. Inst.* (Tokyo) 27: 95–110.
116) Kasuya, T. 1976. Reconsideration of the life history parameters of the spotted and striped dolphins based on cemental layers. *Sci. Rep. Whales Res. Inst.* (Tokyo) 28: 73–106.
117) Kasuya, T. 1977. Age determination and growth of the Baird's beaked whales with a comment on the fetal growth rate. *Sci. Rep. Whales Res. Inst.* (Tokyo) 29: 1–20.
118) Kasuya, T. 1978. The life history of Dall's porpoise, with special reference to the stock off the Pacific coasts of Japan. *Sci. Rep. Whales Res. Inst.* (Tokyo) 30: 1–63.
119) Kasuya, T. 1982. Preliminary report of the biology, catch and populations of *Phocoenoides* in the western North Pacific. pp. 3–19. *In*: Clark, J. G. *et al.* (eds). *Mammals in the Sea*, Vol. 4. Rome. 531pp.
120) Kasuya, T. 1985. Fishery-dolphin conflict in the Iki Island area of Japan. pp. 253–272. *In*: Beddington, J. R., Beverton, R. J. H. and Lavigne, D. M. (eds). *Marine Mammals and Fisheries.* George Allen and Unwin, Hemel Hempstead. 354pp.
121) Kasuya, T. 1985. Effect of exploitation on reproductive parameters of the spotted and striped dolphins off the Pacific coast of Japan. *Sci. Rep. Whales Res. Inst.* (Tokyo) 36: 107–138.

122) Kasuya, T. 1986. Distribution and behavior of Baird's beaked whales off the Pacific coast of Japan. *Sci. Rep. Whales Res. Inst.* (Tokyo) 37: 61–83.
123) Kasuya, T. 1992. Examination of Japanese statistics for the Dall's porpoise hand harpoon fishery. *Rep. int. Whal. Commn.* 42: 521–528.
124) Kasuya, T. 1999. Review of the biology and exploitation of striped dolphins in Japan. *J. Cetacean Res. Manage.* 1(1): 81–100.
125) Kasuya, T. 2008. Cetacean biology and conservation: a Japanese scientist's perspective spanning 46 years. *Marine Mammal. Sci.* 24 (4): 749–773.
126) Kasuya, T. 2017. *Small Cetaceans of Japan: Exploitation and Biology.* CRC Press, Boca Raton. 474pp.
127) Kasuya, T. and Brownell, R. L. Jr. 1989. Male parental investment, an interpretation of the age data. p. 523. *In*: Abstract of presentation at the 5th Theriological Congress, Rome. August 1989.
128) Kasuya, T. and Brownell, R. L. Jr. 2023. Taiji dolphin drive fishery and status of the exploited populations. SC/69A/SM/03. 14pp. 2023年 IWC 科学委員会提出文書.
129) Kasuya, T., Brownell, R. L. Jr. and Balcomb, K. C. III. 1997. Life history of Baird's beaked whales off the Pacific coast of Japan. *Rep. int. Whal. Commn.* 47: 969–979.
130) Kasuya, T. and Jones, L. L. 1984. Behavior and segregation of the Dall's porpoise in the northwestern North Pacific Ocean. *Sci. Rep. Whales Res. Inst.* (Tokyo) 35: 107–128.
131) Kasuya, T. and Marsh, H. 1984. Life history and reproductive biology of the short-finned pilot whale, *Globicephala macrorhynchus*, off the Pacific coast of Japan. *Rep. int. Whal. Commn.* Special Issue 6 (Reproduction in Whales, Dolphins and Porpoises): 259–310.
132) Kasuya, T., Marsh, H. and Amino, A. 1993. Non-reproductive mating in short-finned pilot whales. *Rep. int. Whal. Commn.* Special Issue 14 (Biology of Northern Hemisphere Pilot Whales): 425–437.
133) Kasuya, T. and Matsui, S. 1984. Age determination and growth of the short-finned pilot whale off the Pacific coast of Japan. *Sci. Rep. Whales Res. Inst.* (Tokyo) 35: 57–91.

134) Kasuya, T., Miyashita, T. and Kasamatsu, F. 1988. Segregation of two forms of short-finned pilot whales off the Pacific coast of Japan. *Sci. Rep. Whales Res. Inst.* (Tokyo) 39: 77–90.

135) Kasuya, T. and Miyazaki, N. 1982. The stock of *Stenella coeruleoalba* off the Pacific coast of Japan. pp. 21–37. *In*: Clark, J. G. *et al.* (eds). *Mammals in the Sea*, Vol. 4. FAO, Rome. 531pp.

136) Kasuya, T. and Miyazaki, N. 1976. An observation of epimeletic behavior of *Lagenorhynchus obliquidens*. *Sci. Rep. Whales Res. Inst.* (Tokyo) 28: 141–143.

137) Kasuya, T. and Ogi, H. 1987. Distribution of mother-calf Dall's porpoise pairs as an indication of calving grounds and stock identity. *Sci. Rep. Whales Res. Inst.* (Tokyo) 38: 125–140.

138) Kasuya, T. and Rice, D. W. 1970. Note on baleen plates and on arrangement of parasitic barnacles of gray whale. *Sci. Rep. Whales Res. Inst.* (Tokyo) 22: 39–43.

139) Kasuya, T. and Shiraga, S. 1985. Growth of Dall's porpoises in the western North Pacific and suggested geographical growth differentiation. *Sci. Rep. Whales Res. Inst.* (Tokyo) 36: 139–152.

140) Kasuya, T. and Tai, S. 1993. Life history of short-finned pilot whale stocks off Japan and description of the fishery. *Rep. int. Whal. Commn.* Special Issue 14 (Biology of Northern Hemisphere Pilot Whales): 339–473.

141) Kato, H. 1984. Observation of tooth scars on the head of male sperm whales, as an indication of intra sexual fighting. *Sci. Rep. Whales Res. Inst.* (Tokyo) 35: 39–45.

142) Kerins, S. 2010. *A Thousand Years of Whaling: A Faroese Common Property Regime*. CCI Press, Edmonton. 193pp.

143) Kubodera, T. and Miyazaki, N. 1993. Cephalopods eaten by short-finned pilot whales, *Globicephala macrorhynchus*, caught off Ayukawa, Ojika (*sic*) Peninsula, in Japan, in 1982 and 1983. pp. 215–227. *In*: Okutani, T. *et al.* (eds). *Recent Advances in Fisheries Biology*. Tokai University Press, Tokyo. 752pp.

144) Linnaeus, C. 1758. *Systema Nature per Regna Tria Naturae, Secundum Classes, Ordines, Genera, Species. cum Characteribus, Ordines,*

Synonymis, Locus. Vol. 1: 1–824.

145) Lockyer, C. 1981. Growth and energy budget of large baleen whales from the southern hemisphere. pp. 379–487. *In*: Clark, J. G. *et al.* (eds). *Mammals in the Sea*, Vol. 3. FAO, Rome. 504pp.

146) Lockyer, C. 1981. Estimates of growth and energy budget for the sperm whale, *Physeter catodon*. pp. 489–504. *In*: Clark, J. G. *et al.* (eds). *Mammals in the Sea*, Vol. 3. FAO, Rome. 504pp.

147) Lockyer, C. 2003. Habour porpoises (*Phocoena phocoena*) in the North Atlantic: biological parameters. pp. 71–89. *In*: Haug, T. *et al.* (eds). *Harbour porpoises in the North Atlantic*. NAMMCO, Tromso. 315pp.

148) Mackintosh, N. A. and Wheeler, J. F. G. 1929. Southern blue and fin whales. *Discovery Rep.* 1: 257–540.

149) Magnusson, K. G. and Kasuya, T. 1997. Mating strategies in whale populations: searching strategy vs. harem strategy. *Ecological Modelling* 102: 225–242.

150) Mann, J., Connor, R. C., Tyack, P. L. and Whitehead, H. 2000. *Cetacean Societies: Field Studies of Dolphins and Whales*. The University of Chicago Press, Chicago. 433pp.

151) Marsh, H. and Kasuya, T. 1984. Change in the ovaries of the short-finned pilot whale, *Globicephala macrorhynchus*, with age and reproductive activity. *Rep. int. Whal. Commn.* Special Issue 6 (Reproduction in Whales, Dolphins and Porpoises): 311–335.

152) Martin, A. R. and Rothery, A. 1993. Reproductive parameters of female long-finned pilot whales (*Globicephala melas*) around the Faroe Islands. *Rep. int. Whal. Commn.* Special Issue 14 (Biology of Northern Hemisphere Pilot Whales): 263–304.

153) Marx, F. G., Olivier, L. and Uhen, M. D. (eds). 2016. *Cetacean Paleobiology*. John Wiley and Sons, West Sussex. 318pp.

154) Mazin, J. M. and Buffrénil, V. (eds). 2001. *Secondary Adaptation of Tetrapods to Life in Water*. Verlag, Munchen. 367pp.

155) McCann, C. 1974. Body scarring on cetacea-odontocetes. *Sci. Rep. Whales Res. Inst.* (Tokyo) 26: 145–155.

156) Minamikawa, S., Iwasaki, T. and Kishiro, T. 2007. Diving behavior

of a Baird's beaked whale, *Berardius bairdii*, in the slope water region of the western North Pacific: first dive record using a data logger. *Fish. Oceanography* 16(6): 573–577.

157) Miyashita, T. 1991. Stocks and abundance of Dall's porpoises in the Okhotsk Sea and adjacent waters. Paper IWC/SC/43/SM7. 24pp. Available from IWC Secretariat.

158) Miyashita, T. 1993. Abundance of dolphin stocks in the western North Pacific taken by Japanese drive fishery. *Rep. int. Whal. Commn.* 43: 417–437.

159) Miyashita, T. and Kasuya, T. 1988. Distribution and abundance of Dall's porpoise off Japan. *Sci. Rep. Whales Res. Inst.* (Tokyo) 39: 121–150.

160) Miyazaki, N. 1977. On the growth and reproduction of *Stenella coeruleoalba* off the Pacific coast of Japan. *Sci. Rep. Whales Res. Inst.* (Tokyo) 29: 21–48.

161) Miyazaki, N. 1984. Further analyses of reproduction of the striped dolphin, *Stenella coeruleoalba,* off the Pacific coast of Japan. *Rep. int. Whal. Commn.* Special Issue 6 (Reproduction in Whales, Dolphins and Porpoises): 343–353.

162) Miyazaki, N. and Amano, M. 1994. Skull morphology of two forms of short-finned pilot whales off the Pacific coast of Japan. *Rep. int. Whal. Commn.* 44: 499–507.

163) Miyazaki, N., Kusaka, T. and Nishiwaki, M. 1973. Food of *Stenella coeruleoalba. Sci. Rep. Whales Res. Inst.* (Tokyo) 25: 265–275.

164) Miyazaki, N. and Nishiwaki, M. 1978. School structure of the striped dolphin off the Pacific coast of Japan. *Sci. Rep. Whales Res. Inst.* (Tokyo) 30: 65–115.

165) Myrick, A. C. Jr. 1991. Some new and potential uses of dental layer in studying delphinid populations. pp. 251–279. *In*: Pryor, K. and Norris, K. S. (eds). *Dolphin Societies: Discoveries and Puzzles.* University of California Press, Berkeley. 397pp.

166) Nishida, T. 2012. *Chimpanzees of the Lakeshore: Natural History and Culture at Mahale.* Cambridge University Press, Cambridge. 320pp.

167) Nishiwaki, M. 1972. General biology. pp. 3–204. *In*: Ridgway, S. H. (ed). *Mammals of the Sea: Biology and Medicine*. Charles C. Thomas, Springfield. 812pp.

168) Nishiwaki, M., Hibiya, T. and Ohsumi, S. 1953. Age study of sperm whale based on reading of tooth laminations. *Sci. Rep. Whales Res. Inst.* (Tokyo) 13: 135–153+2pls.

169) Nishiwaki, M. and Yagi, T. 1953. On the age and the growth of teeth in a dolphin (*Prodelphinus caeruleoalbus*) (1). *Sci. Rep. Whales Res. Inst.* (Tokyo) 8: 133–146.

170) Northridge, S. P. and Hofman, R. J. 1999. Marine mammal interaction with fisheries. pp. 99–119. *In*: Twiss, J. R. and Reeves, R. R. (eds). *Conservation and Management of Marine Mammals*. Smithsonian Inst. Press, Washington. 471pp.

171) Ohdachi, S. D., Ishibashi, M. A., Iwasa, M. A. *et al.* (eds). 2009. *The Wild Mammals of Japan*. Shoukadoh (松香堂書店), 京都. 506pp. +4pls.

172) Ohsumi, S. 1977. Age-length key of the male sperm whale in the North Pacific and comparison of growth curves. *Rep. int. Whal. Commn.* 27: 295–300.

173) Ohsumi, S., Kasuya, T. and Nishiwaki, M. 1963. Accumulation rate of dentinal growth layers in the maxillary tooth of the sperm whale. *Sci. Rep. Whales Res. Inst.* (Tokyo) 17: 15–35+Pls1–6.

174) Olesiuk, P. F., Bigg, M. A. and Ellis, G. M. 1990. Life history and population dynamics of resident killer whales (*Orcinus orca*) in the coastal waters of British Columbia and Washington State. *Rep. int. Whal. Commn.* Special Issue 12 (Individual Recognition of Cetaceans): 209–248.

175) Omura, H., Fujino, K. and Kimura, S. 1955. Beaked whale *Berardius bairdi* of Japan, with notes of *Ziphius cavirostris*. *Sci. Rep. Whales Res. Inst.* (Tokyo) 10: 89–132.

176) Oremus, M., Gales, R., Dalebout, M. L., *et al.* 2009. Worldwide mitochondrial DNA diversity and phylogeography of pilot whales (*Globicephala* spp.). *Biological J. of the Linnean Society* 98: 729–744.

177) Phipps, M., Ishikawa, A., Kanda, N. *et al.* 1998. A preliminary re-

port on DNA sequence analysis of whale meat and whale products collected in Japan. *Traffic Bulletin* 17(2): 91–94.

178) Photopoulou, T., Ferreira, I. M., Best, P. *et al.* 2017. Evidence for a postreproductive phase in female false killer whales *Pseudorca crassidens*. *Frontiers in Zoology* 14: 30, 14 pages.

179) Quick, N. J., Cioffi, W. R., Shearer, J. M. *et al.* 2020. Extreme diving in mammals: first estimates of behavioral aerobic dive limits in Cuvier's baked whales. *J. Exp. Biol.* 223(18): jeb222109.

180) Ruiz-Garcia, M. and Shostell, J. M. 2010. *Biology, Evolution and Conservation of River Dolphins within South America and Asia.* Nova Science Pub., New York. 504pp.

181) Sacher, G. A. 1980. The constitutional basis for longevity in the cetacean: do the whales and terrestrial mammals obey the same laws? *Rep. int. Whal. Commn.* Special Issue 3 (Age Determination of Toothed Whales and Sirenians): 209–213.

182) Slijper, E. J. 1979. *Whales.* Hutchinson, London. 511pp.

183) Smith, T. D., Reeves, R. R., Josephson, E. A. *et al.* 2008. Sperm whale catches and encounter rates during the 19th and 20th centuries: an apparent paradox. pp. 149–173. *In*: Starkey, E. D. *et al.* (eds). *Oceans Past: Management Insight from the History of Marine Mammal Populations.* Earthscan, London. 223pp.

184) Suarez-Menendez, M., Berube, M., Furni, F. *et al.* 2023. Wild pedigrees inform mutation rates and historic abundance in baleen whales. *Science* 381(6661): 990–995.

185) Subramanian, A., Tanabe, S., Fujise, Y. *et al.* 1986. Organochlorine residues in Dall's and True's porpoise collected from Northwestern Pacific and adjacent waters. *Mem. Natil. Inst. Polar Res.* (Spec. Issue 44): 167–173.

186) Thewissen, L. G. M. (ed). 1998. *The Emergence of Whales: Evolutionary Patterns in the Origin of Cetacea.* Plenum Press, New York. 477pp.

187) Wada, S. 1988. Genetic differentiation between two forms of short-finned pilot whales off the Pacific coast of Japan. *Sci. Rep. Whales Res. Inst.* (Tokyo) 39: 91–101.

188) Wada, S., Oishi, M. and Yamada, T. K. 2003. A newly discovered species of living baleen whale. *Nature* 426: 278–281.

189) Walker, W. A. 2001. Geographical variation of the parasite, *Phyllobothrium delphini* (Cectoda), in Dall's porpoise, *Phocoenoides dalli*, in the northern North Pacific, Bering Sea, and Sea of Okhotsk. *Marine Mammal Sci.* 17(2): 264–275.

190) Whitehead, H. and Rendell, L. 2015. *The Cultural Lives of Whales and Dolphins*. The University of Chicago Press, Chicago. 417pp.

191) Wilke, F., Taniwaki, T. and Kuroda, N. 1953. *Phocoenoides* and *Lagenorhynchus* in Japan, with notes on hunting. *J. Mammalogy* 34(4): 488–497.

192) Würsig, B. (ed). 2019. *Ethology and Behavioral Ecology of Odontocetes*. Springer, Gewerbestrasse. 504pp.

193) Würsig, B., Thewissen, J. G. M. and Kovacs, K. M. (eds). 2018. *Encyclopedia of Marine Mammals*, 3rd ed. Academic Press, London. 1157pp.

194) Yamada, T. K., Kitamura, S., Abe, S. *et al.* 2019. Description of a new species of beaked whale (*Berardius*) found in the North Pacific. *Scientific Reports* 9: 12723.

195) Yamagiwa, J. and Karczmarski, L. (eds). 2014. *Primates and Cetaceans*. Springer, Tokyo. 439pp.

196) Yonekura, M., Matsui, S. and Kasuya, T. 1980. On the external characters of *Globicephala macrorhynchus* off the Pacific coast of Japan. *Sci. Rep. Whales Res. Inst.* (Tokyo) 32: 67–95.

＊以下の文献は後ほど追加したため順不同です．

197) Itano, K., Kawai, S., Miyazaki, N. *et al.* 1984. Mercury and selenium levels in striped dolphins caught off the Pacific coat of Japan. *Agric. Biol. Chem.* 48(5): 1109–1116.

198) Kishiro, T. and Kasuya, T. 1993. Review of Japanese dolphin fisheries and their status. *Rep. int. Whal. Commn.* 43: 439–452.

199) 野村崇・宇田川洋（編）2003．続縄文・オホーツク文化．北海道新聞社，札幌．234頁．

200) Nishiwaki, M. and Oye, T. 1951. Biological investigation on blue

and fin whales caught by the Japanese Antarctic whaling fleets. *Sci. Rep. Whales Res. Inst.* (Tokyo) 5: 91-167.

201) Turvey, S. 2008. *Witness to Extinction: How We Failed to Save the Yangtze River Dolphin.* Oxford University Press, Oxford. 233pp.

202) Rice, D.W. 1989. The sperm whale, *Physeter microcephalus* Linnaeus, 1758. pp. 177-233. *In*: Ridgway, S. H. and Harrison, R. (eds). *Handbook of Marine Mammals*, Vol. 4. Academic Press, London. 442pp.

203) 天野雅男・大泉宏・田中美保ほか　1998．大槌魚市場に水揚げされたイシイルカの生物学的調査．pp. 33-49. *In*: 宮崎信之（編）．イルカ資源管理調査委託事業報告書．東京大学海洋研究所．242 頁．

204) 植草康浩・一島啓人・伊藤春香ほか　2019．鯨類の骨学．緑書房，東京．151 頁．

205) Demma, M., Gorter, U. and Oelschläger, J. 2017. *Anatomy of Dolphins.* Elsevier, London. 438pp.

［著者略歴］

一九三七年　埼玉県に生まれる
一九六一年　東京大学農学部水産学科卒業
（財）日本捕鯨協会鯨類研究所研究員、東京大学海洋研究所助手、水産庁遠洋水産研究所鯨類資源研究室長、同外洋資源部長、三重大学生物資源学部教授、帝京科学大学理工学部教授などを経て、
現在　フリーの鯨類研究者、農学博士
受賞　Distinguished Achievement Award, The Society for Conservation Biology (1994年). Kenneth S. Norris Lifetime Achievement Award, The Society for Marine Mammalogy (2007年). 日本哺乳類学会賞（二〇一三年）

［主要著書］

『イルカ——小型鯨類の保全生物学』（二〇一一年、東京大学出版会）
"Small Cetaceans of Japan: Exploitation and Biology" (2017年, CRC Press)
『イルカ概論——日本近海産小型鯨類の生態と保全』（二〇一九年、東京大学出版会）
『ジュゴンとマナティー——海牛類の生態と保全』（訳、二〇二一年、東京大学出版会）
『川に生きるイルカたち［増補版］』（解題、二〇二二年、東京大学出版会）ほか

イルカと生きる

二〇二四年五月一五日　初　版

［検印廃止］

著　者　粕谷俊雄

発行所　一般財団法人　東京大学出版会
代表者　吉見俊哉
一五三-〇〇四一　東京都目黒区駒場四—五—二九
電話：〇三—六四〇七—一〇六九
振替：〇〇一六〇—六—五九九六四

印刷所　株式会社 精興社
製本所　牧製本印刷株式会社

ISBN 978-4-13-063960-6 Printed in Japan